암산천재 응용법
기적의 단위 계산

고스기 타쿠야 지음
김소영 옮김

로그인

헷갈리는 '단위 계산'에
자신감이 쑥~

기습 질문!
1m는 몇 cm일까? 맞아. 100cm야. 이때 m나 cm를 단위라고 불러.

그럼 3m는 몇 cm지? 1m가 100cm니까 3m는 100에 3을 곱해서 (100×3=) 300cm겠지. 그러니까 '3m'를 똑같은 길이의 '300cm'로 바꾼 거야. 이렇게 어떤 단위를 다른 단위로 바꾸는 것을 이 책에서는 '단위 계산'이라고 부를게. 이 '단위 계산'은 수학을 잘하고 싶을 때 꼭 필요한데, 어려워하는 친구들이 많아. 하지만 걱정 마. 이 책을 읽으면 '단위 계산'을 척척 할 수 있게 될 테니까.

※ 단위의 환산(단위 환산)이라고도 해.

그럼 여기서 다시 질문할게. '3m는 몇 cm일까?' 이 질문에 대한 답을 구하는 건 식은 죽 먹기일 거야. 하지만 '0.05m는 몇 cm지?'라는 질문에는 머뭇거리는 친구들이 많을걸. 그리고 m와 cm를 뒤집어서 '780cm는 몇 m일까?'라는 문제 역시 초등학생 때 미리미리 정복해 놔야 해.

왜냐고? 중학생이 되면 수업 시간에 단위 계산을 잘 가르쳐주지 않기 때문이야. 단위 계산을 다 할 수 있다는 전제 하에 진도를 나가버리니까. 하지만 중학생에게 '단위 계산'은 필수 거든.

수학에서 이렇게나 중요한 '단위 계산을 어떤 순서로 어떻게 풀면 좋을지'를 설명하는 교과서나 교재는 거의 없어. 이 책을 쓰게 된 이유가 바로 여기에 있지.
이 책에서는 '어떤 단위 계산도 척척 할 수 있는 방법'을 소개할 거야.

'3단계법'을 쓰면
단위 계산 실력이 쑥 올라간다

그 방법의 이름은 바로 '3단계법'이야. '3Step법'이라고 부르기도 하지.

3단계법을 익히면 길이의 단위(cm나 m)뿐만 아니라 무게(g나 kg)와 넓이(cm^2이나 m^2), 부피(cm^3나 L)까지 모든 '단위 계산'을 술술 할 수 있어.

그리고 이 책은 초등학교 3학년 이상이 보면 가장 좋아. 고학년 때 배우는 내용도 섞여 있긴 한데, 처음부터 차근차근 설명할 테니까 걱정하지 마. 지금 이 책을 보는 친구가 아직 초등학교 3학년이 아니어도 괜찮아. 쭉 넘겨보고 '나도 할 수 있겠다'라는 생각이 들면 꼭 도전해보길 바라.

'단위 계산은 어렵지 않을까?'

이렇게 생각했다면 안심해도 좋아. 3단계법에 익숙해지기만 하면 누워서 떡 먹기거든. 또한 이 책에서는 아주 간단한 내용부터 시작할 거야. 계단을 한 칸씩 오르듯 재미있게 '3단계법'을 익힐 수 있을 거야.

단위 계산에 자신 없어 하는 친구들이 생각보다 많아. 하지만 지금부터 열심히 따라오면 '내가 단위 계산을 이렇게 잘할 수 있다니!'라는 생각이 들 거야.

이 책을 다 풀고 나면 단위 계산뿐 아니라 수학 자체를 지금보다 더 좋아하고 잘하게 될 거야.

그럼 지금부터 이 책을 읽고 나면 할 수 있는 것들을 소개할게.

그럼, 출발~

'할 수 있다'

단위 계산의 힘을 입고 수학에 자신감이 쑥!

어려워하는 친구들이 많으니까 잘하면 어깨가 으쓱!

길이, 무게, 넓이, 부피 단위까지 올 커버!

헷갈리는 단위의 관계 한 번에 깔끔 정리!

중학교 입시 대책도 완벽!

로 가득하다!!

술술 척척 문제 풀이가 즐거워진다!

단위 시험에서 100점은 이미 내 것!

엄마 아빠와 함께 풀어서 더 즐겁다!

두뇌 훈련에 두뇌 체조 효과까지 한 번에!

초등학생부터 어른까지 평생 써먹을 수 있다!

이런 것도 할 수 있어요!

☑ 82쪽 칼럼에서는 '1m=1000mm', '1m²=10000cm²', '1kL=1000L'처럼 '단위 관계' 외우기 '5가지 포인트'를 전수!

☑ '180a=⬚km²', '0.32kL=⬚L'와 같은 문제도 순식간에 풀 수 있다! (108쪽, 116쪽을 참조하세요.)

차 례

준비운동 10, 100, 1000을 곱했다가 나눴다가

1장 '길이의 단위 계산'을 정복하자

10, 100, 1000을
곱했다가 나눴다가

그럼 바로 시작해 볼까?

먼저 10이나 100이나 1000을 곱했다가 나누는 연습을 할 거야.
전부 다 단위 계산할 때 필요한 거라는 걸 기억해 둬.

정말 간단한 부분부터 시작할 테니까 걱정 마.
물 흐르듯 이해할 수 있도록 천천히 나갈게.

단위 계산에 들어가기 전에 '준비 운동'을 하는 마음으로 시작해보자.

Step 1
정수에 10을 곱해라

0, 1, 2, 3, 4, 5…와 같은 수를 정수라고 해.

먼저 정수에 10을 곱하면 어떻게 되는지 알아보자.
예를 들어 다음 계산을 같이 볼까?

문제 1

$$3 \times 10 = \boxed{?}$$

3에 10을 곱하는 계산이야.
10을 곱하는 것을 10배라고 말하기도 하지. 이건 '3의 10배'를 구하는 문제야.

'3×10=　'을 풀면 어떻게 될까? 예를 들어 '떡이 3개 들어 있는 세트가 10세트 있다고 하면, 떡은 총 몇 개 있을까?'를 구하면 답이 나올 것 같네.
그림으로 보면 이런 식이야.

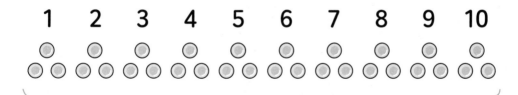

떡은 총 몇 개일까?

떡을 하나하나 세어 보면 30개라는 걸 알 수 있어. '3×10=30'이라는 거지.(문제 1 의 정답)

아니면 구구단의 '3×9=27'을 기본으로 해서 생각할 수도 있어. '27+3=30'이니까 '3×10=30'이지. 역시나 답은 30개야.

사실 '10을 곱한다(10배 한다)'는 건 수의 오른쪽에 0을 하나 붙인다는 것과 똑같은 말이야.

3의 오른쪽에
0을 하나 붙이자.

$$3 \times 10 = 30$$

정답

10을 곱하기
(10배 하기)

그럼 다음 계산을 하면 어떻게 될까?

문제 2

$$26 \times 10 = \boxed{\quad ? \quad}$$

'10을 곱한다(10배 한다)'는 건 수의 오른쪽에 0을 하나 붙이는 것과 똑같으니까 '26×10=260'이겠지. 문제 2 의 정답은 260이야. 정말 쉽지?

26의 오른쪽에
0을 하나 붙이자.

$$26 \times 10 = 260$$

정답

10을 곱하기
(10배 하기)

한 문제만 더 풀어보자.

문제 3

$$700 \times 10 = \boxed{?}$$

'10을 곱한다(10배 한다)'는 건 수의 오른쪽에 0을 하나 붙이는 것과 똑같으니까 '700×10=7000'이겠지. 문제 3 의 정답은 7000이야. 0의 개수를 헷갈리지 않도록 조심해.

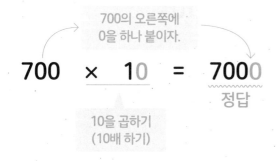

700의 오른쪽에
0을 하나 붙이자.

$$700 \quad \times \quad 10 \quad = \quad 7000$$

정답

10을 곱하기
(10배 하기)

그럼 이런 식으로 '10 곱하기(10배 하기)' 연습을 해보자.

다음에 나오는 문제를 풀 수 있을까?

① $5 \times 10 =$

② $8 \times 10 =$

③ $1 \times 10 =$

④ $12 \times 10 =$

⑤ $19 \times 10 =$

⑥ $24 \times 10 =$

⑦ $36 \times 10 =$

⑧ $50 \times 10 =$

⑨ $95 \times 10 =$

⑩ $184 \times 10 =$

⑪ $311 \times 10 =$

⑫ $720 \times 10 =$

⑬ $100 \times 10 =$

⑭ $608 \times 10 =$

⑮ $1267 \times 10 =$

⑯ $5904 \times 10 =$

⑰ $3020 \times 10 =$

⑱ $8006 \times 10 =$

⑲ $9250 \times 10 =$

⑳ $7100 \times 10 =$

Step 2

정수에 10, 100, 1000, 10000을 곱해라 ①

Step 1을 복습할 건데, '15×10='을 풀면 어떻게 되지? 맞아. 15에 0을 하나 더하니까 답은 150이야.

그럼 15에 10, 100, 1000(천), 10000(만)을 각각 곱하면 어떻게 될까? 이렇게 되지.

(10배) **15 × 10 = 150**　　0이 1개 늘어난다.

(100배) **15 × 100 = 1500**　　0이 2개 늘어난다.

(1000배) **15 × 1000 = 15000**　　0이 3개 늘어난다.

(10000배) **15 × 10000 = 150000**　　0이 4개 늘어난다.

이 식들을 보면서 눈치 챈 것 없어? 맞아. '곱하는 수의 0의 개수'와 '결과의 0의 개수'가 똑같다는 사실이야.

예를 들어 '15×1000=15000'은 15에 1000을 곱하는 계산이잖아. 1000에는 '0이 3개' 있으니까 (15에 0을 3개 붙여서) 15000이 되는 거야.

그리고 '638×100=　　'을 계산할 때는 이렇게 할 수 있어.
'638×100'을 보면 100에는 '0이 2개' 있잖아. 그러니까 '638×100'을 풀면 (638에 0을 2개 붙여서) 63800이 되는 거지.

한 문제 더 풀어볼게. '100×10000=　　　'도 똑같이 계산할 수 있어. '100×10000'을 보면 10000에는 '0이 4개' 있잖아. 그러니까 '100×10000'을 풀면 (100에 0을 4개 붙여서) 1000000이 되는 거지.

이런 식으로 정수에 10, 100, 1000, 10000을 곱하는 연습을 해보자.

1 0의 개수에 유의하여 다음 문제를 풀어보자.

▶정답은 130쪽

❶ 67×100 =

❷ 4035×10 =

❸ 390×1000 =

❹ 2001×10000 =

❺ 6582×10 =

❻ 955×100 =

❼ 37×10000 =

❽ 1×1000 =

❾ 2460×10 =

❿ 100×100 =

⓫ 9×10000 =

⓬ 403×1000 =

⓭ 8991×100 =

⓮ 136×10 =

⓯ 805×1000 =

⓰ 1000×10000 =

⓱ 76×1000 =

⓲ 7020×10 =

⓳ 540×10000 =

⓴ 80×100 =

Step 3

소수란 무엇일까?

0.7, 3.15, 26.089 같은 수를 소수라고 해. 그리고 '.(점)'을 소수점이라고 하지.

0.7

소수점

1을 10등분했을 때 그중 하나가 0.1이야.
등분은 '같은 길이나 크기로 나누는 것'을 의미해.
1을 같은 길이로 나눈 10개 중에서 하나가 0.1이라는 거지.

1을 10등분한 그림을 나타내 보면 이렇게 돼.

그리고 '1을 100등분했을 때 그중 하나가 0.01'이고, '1을 1000등분했을 때 그중 하나가 0.001'이야.

🔍 소수 자릿수 명칭
소수점 아래 자리는 각각 이렇게 불러.

0 . 1 2 3
↑ ↑ ↑ ↑ ↑
일의 자리
소수점
소수점 첫째 자리
소수점 둘째 자리
소수점 셋째 자리

Step 4

정수에 10, 100, 1000, 10000을 곱해라 ②

🔍 '정수'에 '소수점'이 숨어 있다!?

0, 1, 2, 3, 4, 5…와 같은 수를 정수라고 한다고 했지?

사실 모든 정수에는 소수점 ' . '이 숨어 있어. 그게 무슨 소리냐고? 지금부터 설명할게.

예를 들어 정수 '25'는 어디에 소수점이 숨어 있을까?

답을 먼저 알려주자면, 일의 자리인 '5'의 오른쪽 아래에 소수점이 숨어 있어.

모든 정수는 다음과 같이 일의 자리의 오른쪽 아래에 소수점이 숨어 있어.

예를 들면 정수 '25'는 '25.'처럼 소수점이 숨어 있어.

그런데 보통은 소수점을 찍지 않고 '25'만 쓰(기로 되어 있)는 거지.

16

25. ────────────→ **25**

소수점이
숨어 있지만…

보통은 소수점 없이
정수만 쓴다.

13쪽에서 '정수'에 10, 100, 1000, 10000을 곱하는 연습을 했잖아.
사실은 다른 방법으로 10, 100, 1000, 10000을 곱할 수도 있어.

예를 들어 '25×100='을 계산해보자. 먼저 13쪽에서 가르쳐준 방법으로 풀어 보면,
25에 0을 2개 붙여서 '25×100=2500'이 되잖아.

- -

그럼 여기서 '색다른 방법'을 가르쳐줄게.

(예) 25 × 100 =

① '25×100=□'에서 □ 부분에 소수점을 찍어서 '25.'로 써 보자.

아직 답이 아니야.

25   ×   100   =   25.   소수점 찍기

25에 소수점 찍어서 쓰기

② 100에는 '0'이 2개 있으니까 '25.'의 소수점을 출발 지점으로 정하고, 다음 장에 나
오는 것처럼 화살표를 (오른쪽으로) 2개 그리자. 두 번째 화살표 끝으로 '소수점을 움
직였다'라고 생각하는 거야.

아직 답이 아니야.

$$25 \times 100 = 25.$$

소수점 여기로 이동

100에는
'0'이 2개 ---------------- 화살표
2개 그리기

③ 화살표 2개 위에 '0' 2개를 그리자. 그러면 다음과 같이 답이 '2500'이라는 걸 알 수 있겠지? 즉 '25×100=2500'이 되는 거야.(소수점을 지우고 정답으로 제출)

화살표 위에 0 그리기

$$25 \times 100 = 2500.$$

답은 '2500'

여기서 0과 소수점을 찍을 때 중요한 두 가지 포인트가 있어. 첫 번째 포인트는 '화살표가 푹 꺼져 있는 곳 위에 0 쓰기'야. 그리고 두 번째 포인트는 '화살표 끝에 소수점 찍기'야. 이 두 가지를 꼭 지키도록 해.

$$25 \times 100 = 2500.$$

포인트 2
화살표 끝에
소수점 찍기

포인트 1 화살표가 푹 꺼져
있는 곳에 0 쓰기

반복하면 '〈0의 개수와 똑같은 화살표〉를 소수점 오른쪽에 찍기 ⇒ 화살표 위에 0을 쓰고 정답 제출' 순서로 풀면 돼.

13쪽에서 배운 방법이 더 간단하다고? 맞아. 확실히 먼저 설명한 방법이 더 간단해. 그런데 나중에 '소수에 10, 100, 1000, 10000 곱하기' 연습을 할 때는 이 방법이 더 도움이 될 거야. 그러니까 이 방법으로도 문제를 풀 수 있게 해놓자고.

그럼 이제부터 지금까지 배운 것들을 연습해 볼까?

1

①~㊻에 숫자를 하나씩 넣고 정답을 구해보자. 힌트는 조금씩 줄일게. (9)와 (10)은 화살표를 직접 그려봐.

▶정답은 130쪽

(1)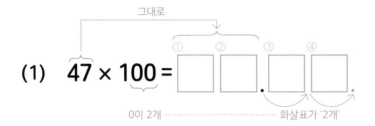

그대로

47 × 100 = ① ② . ③ ④

0이 2개 ·········· 화살표가 '2개'

정답에는 소수점을 찍지 말 것

정답

(2)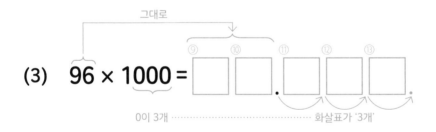

그대로

133 × 10 = ⑤ ⑥ ⑦ . ⑧

0이 1개 ·········· 화살표 '1개'

정답

(3)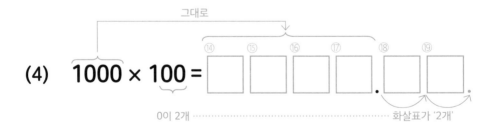

그대로

96 × 1000 = ⑨ ⑩ . ⑪ ⑫ ⑬

0이 3개 ·········· 화살표가 '3개'

정답

(4)

그대로

1000 × 100 = ⑭ ⑮ ⑯ ⑰ . ⑱ ⑲

0이 2개 ·········· 화살표가 '2개'

정답

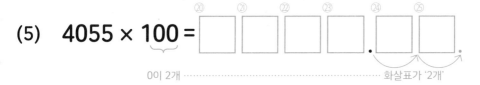

(5) 4055 × 100 = ⃞ ⃞ ⃞ ⃞ . ⃞ ⃞

⑳ ㉑ ㉒ ㉓ ㉔ ㉕

0이 2개 ·········· 화살표가 '2개'

정답 _____

(6) 2 × 10000 = ⃞ . ⃞ ⃞ ⃞ ⃞

㉖ ㉗ ㉘ ㉙ ㉚

0이 4개 ·········· 화살표가 '4개'

정답 _____

(7) 710 × 100 = ⃞ ⃞ ⃞ . ⃞ ⃞

㉛ ㉜ ㉝ ㉞ ㉟

정답 _____

(8) 2024 × 10 = ⃞ ⃞ ⃞ ⃞ . ⃞

㊱ ㊲ ㊳ ㊴ ㊵

정답 _____

(9) 80 × 100 = ⃞ ⃞ . ⃞ ⃞

㊶ ㊷ ㊸ ㊹

화살표를 직접 그려봐.

정답 _____

(10) 9×10 = ⃞ . ⃞

㊺ ㊻

화살표를 직접 그려봐.

정답 _____

2 다음 (예)처럼 화살표와 (움직이기 전과 움직인 후) 소수점 2개를 찍어서 계산해보 자. (답에는 소수점을 찍지 마세요.)

▶정답은 131쪽

$$512 \times 100 = 512.00.$$

움직인 후의 소수점

움직이기 전의 소수점   화살표

정답   **51200**

답에는 소수점을 찍지 마세요.

(1) $308 \times 10 =$ 정답

(2) $16 \times 1000 =$ 정답

(3) $9523 \times 100 =$ 정답

(4) $457 \times 10000 =$ 정답

(5) $800 \times 100 =$ 정답

(6) $3001 \times 10 =$ 정답

(7) $5 \times 1000 =$ 정답

(8) $1100 \times 10000 =$ 정답

(9) $902 \times 100 =$ 정답

(10) $6070 \times 10000 =$ 정답

Step 5

소수에 10, 100, 1000, 10000을 곱해라

Step 4에서는 정수에 10, 100, 1000, 10000을 곱하는 연습을 했어.
그렇다면 소수에 10, 100, 1000, 10000을 곱하면 어떻게 될까?
정수(Step 4)와 풀이법은 똑같아. 그럼 바로 풀어볼까?

(예) 0.385 × 100 =

① '0.385×100=□'에서 □ 부분에 '0.385'를 쓰자.

아직 답이 아니야.

0.385 × 100 = 0.385

0.385를 그대로 쓰기

② 100에는 '0'이 2개 있으니까 '0.385'의 소수점 출발 지점부터 다음과 같이 화살표를 (오른쪽으로) 2개 그리자. 두 번째 화살표 끝으로 '소수점이 움직였다'라고 생각하는 거야.

아직 답이 아니야.

0.385 × 100 = 0.38.5

100에는
'0'이 2개

화살표
2개 그리기

소수점이 여기로
움직였어.

③ 왼쪽에 남은 '0.'을 지웠더니 정답이 '38.5'가 됐어. '0.385×100=38.5'라는 거지.

$$0.385 \times 100 = 0.38.5$$

정답이 '38.5'라는 걸
알 수 있지?

0과 (움직이기 전의)
소수점 지우기

한 문제 더 풀어보자. 기본 풀이법은 똑같아.

(예) $8.7 \times 1000 =$

① '8.7×1000=□'에서 □ 부분에 '8.7'을 쓰자.

아직 답이 아니야.

$$8.7 \times 1000 = 8.7$$

8.7을 그대로 쓰기

② 1000에는 '0'이 3개 있으니까 '8.7'의 소수점 출발 지점부터 다음과 같이 화살표를 (오른쪽으로) 3개 그리자. 3번째 화살표 끝으로 '소수점이 움직였다'라고 생각하는 거야.

아직 답이 아니야.

$$8.7 \times 1000 = 8.7$$

소수점이 여기로
움직였어.

1000에는
'0'이 (3개)

화살표
(3개) 그리기

③ 그리고 화살표 위(비어 있는 곳)에 '0'을 그리자. 16쪽에서 배운 대로 정수에서는 수의 오른쪽 아래에 소수점이 왔잖아. 소수점을 지우면 다음과 같이 정답이 정수인 '8700'이 되는 걸 알 수 있겠지? '8.7×1000=8700'이라는 거지.

화살표 위에 0을 그리자.

$$8.7 \times 1000 = 8.700 \qquad 답은\ '8700'이야.$$

소수점 지우기

- -

마지막으로 한 문제만 더 풀어보자. 역시나 기본 풀이법은 똑같아.

(예) $0.62 \times 100 =$

① '0.62×100=□'에서 □ 부분에 '0.62'를 쓰자.

아직 답이 아니야.

$$0.62 \times 100 = 0.62$$

0.62를 그대로 쓰기

② 100에는 '0'이 2개 있으니까 '0.62'의 소수점 출발 지점부터 다음과 같이 화살표를 (오른쪽으로) 2개 그리자. 2번째 화살표 끝으로 '소수점이 움직였다'라고 생각하는 거야.

25

아직 답이 아니야.

$$0.62 \times 100 = 0.62.$$

소수점이 여기로
움직였어.

100에는
'0'이 (2개)

화살표
(2개) 그리기

③ 소수점이 '0.62' 바로 오른쪽 아래에 왔어. '0.62.'에서 색깔이 칠해진 부분(0과 2개의 소수점)을 지우면 정답은 '62'야.
'0.62×100=62'라는 거지.

$$0.62 \times 100 = 0.62.$$

답은 '62'야.

0과 소수점 지우기

그럼 여기까지 배운 걸 복습해보자.

1 다음 (예)처럼 화살표를 그려서 문제를 풀어보자. 화살표 개수에 유의해야 해.

▶정답은 131쪽

① 먼저 '1.2' 쓰기 ③ 화살표 위에 '0'을 그려서 답 구하기

(예) ①, ②, ③ 순서로 풀자.

$$1.2 \times 1000 = 1.200. \Rightarrow$$ 정답 ___1200___

② '0'의 개수(3개)만큼 화살표를 그리고 소수점 움직이기

(1) $5.98 \times 10 =$ 정답 _____

(2) $0.7 \times 1000 =$ 정답 _____

(3) $0.33 \times 100 =$ 정답 _____

(4) $9.46 \times 10000 =$ 정답 _____

(5) $25.1 \times 100 =$ 정답 _____

(6) $6.005 \times 10 =$ 정답 _____

(7) $3.28 \times 1000 =$ 정답 _____

(8) $0.049 \times 10000 =$ 정답 _____

(9) $590.02 \times 1000 =$ 정답 _____

(10) $0.01 \times 100 =$ 정답 _____

Step 6

10, 100, 1000, 10000으로 나눠라

예를 들어 '20'에 소수점을 찍으면 '20.'이 되잖아. 그 20을 10으로 나누면 '20÷10=2'야.
이걸 그림으로 나타내면 이렇게 되지.

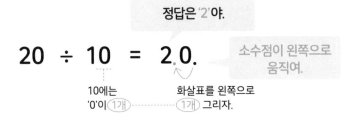

정답은 '2'야.

20 ÷ 10 = 2.0.

소수점이 왼쪽으로
움직여.

10에는
'0'이 1개

화살표를 왼쪽으로
1개 그리자.

10, 100, 1000, 10000을 곱했을 때는 '0'의 수만큼 소수점이 오른쪽으로 움직였어.
하지만 10, 100, 1000, 10000으로 나눌 때는 '0'의 수만큼 소수점이 왼쪽으로 움직였어.
정리하면 이렇게 돼.

> ### 소수점의 이동
>
> • 10, 100, 1000, 10000 곱하기 ⇒ '0'의 수만큼 소수점이 오른쪽으로 움직인다.
> • 10, 100, 1000, 10000 나누기 ⇒ '0'의 수만큼 소수점이 왼쪽으로 움직인다.

이것만 확실히 해두면 '10, 100, 1000, 10000으로 나누는 계산'도 '10, 100, 1000, 10000
을 곱하는 계산'도 풀이법이 거의 같다'는 걸 알게 될 거야. 그럼 실제로 풀어보자.

(예) 29 ÷ 100 =

① '29÷100=□'에서 □ 부분에 '29.(29에 소수점을 찍은 것)을 쓰자.

여기에 공간을 남겨둬.

$$29 ÷ 100 = 29.$$ 소수점

29에 소수점을 찍어서 쓰기

② 100에는 '0'이 2개 있으니까 '29.'의 소수점 출발 지점부터 다음과 같이 화살표를 (왼쪽으로) 2개 그리자. 2번째 화살표 끝으로 '소수점이 움직였다'라고 생각하는 거야.

소수점이 여기로 움직였어.

$$29 ÷ 100 = 29.$$

100에는   화살표를 왼쪽으로
'0'이 2개 ┄┄┄ 2개 그리자.

③ 이대로 두면 '.29'라 불완전하니까 '.29'의 왼쪽에 '0'을 쓰면 '0.29'가 돼.
'29÷100=0.29'라는 거지.

여기에 0을 쓰자.

$$29 ÷ 100 = 0.29.$$ 답은 '0.29'야.

움직이기 전에 있던 소수점은 지우기

앞에서는 '화살표 끝에 소수점 찍기'가 중요한 포인트야.

화살표 끝에 소수점 찍기

$$29 \div 100 = 0.29$$

하나 더 풀어보자. 기본 풀이법은 똑같아.

(예) $7.8 \div 1000 =$

① '7.8÷1000=□'에서 □ 부분에 '7.8'을 쓰자.

여기에 공간 남겨두기

$$7.8 \div 1000 = \bigcirc \ 7.8$$

7.8을 그대로 쓰기

② 1000에는 '0'이 3개 있으니까 '7.8'의 소수점 출발 지점부터 다음과 같이 화살표를 (왼쪽으로) 3개 그리자. 3번째 화살표 끝으로 '소수점이 움직였다'라고 생각하는 거야.

소수점이 여기로 움직였어.

$$7.8 \div 1000 = 7.8$$

1000에는
'0'이 3개

화살표를 왼쪽으로
3개 그리자.

③ 그리고 '화살표 위'와 '움직인 다음 소수점 왼쪽'에 '0'을 쓰자.
답은 0.0078이야. '7.8÷1000=0.0078'이라는 거지.

여기에 0을 쓰자.

7.8 ÷ 1000 = 0.007.8   답은 '0.0078'이야.

움직이기 전에 있던 소수점은 지우기

마지막으로 한 문제 더 풀어보자. 기본 풀이법은 똑같아.

(예) 5400 ÷ 100 =

① '5400÷100=□'에서 □ 부분에 '5400.(5400에 소수점을 찍은 것)'을 쓰자.

5400 ÷ 100 = 5400.   소수점

5400에 소수점 찍어서 쓰기

② 100에는 '0'이 2개 있으니까 '5400.'의 소수점 출발 지점에서 다음 장에 나오는 것처럼 화살표를 '왼쪽으로' 2개 그리자. 2번째 화살표 끝으로 '소수점을 움직였다'라고 생각하는 거야.

소수점이 여기로 움직였다.

$$5400 \div 100 = 54.00.$$

100에는
'0'이 2개 .... 화살표를 왼쪽으로
2개 그리자.

③ 그랬더니 '54.00'이 됐어. '소수점 2개'와 '화살표 위의 0을 2개' 지우면 정답은 (정수인) 54가 돼. '5400÷100=54'인 거지.

0 지우기

$$5400 \div 100 = 54.00.$$ 정답은 '54'야.

소수점 지우기

※이렇게 소수점보다 오른쪽에 0이 있는 경우에는 오른쪽 끝에 있는 0은 지우고 답을 내면 돼. 예를 들어 다른 문제에서 '3.57000'이 나왔다면 오른쪽 끝에 있는 0을 3개 지우고 정답은 '3.57'로 하는 거야.

그럼 여기까지 배운 걸 복습해보자.

곱셈은 소수점이 오른쪽으로 움직이지만
나눗셈은 왼쪽으로 움직이는구나~

1

다음 (예)처럼 화살표를 그려서 문제를 풀어보자. 화살표 개수에 유의해야 해.

▶정답은 131쪽

(예) ①, ②, ③ 순서로 풀자.

③ 화살표 위와 소수점 왼쪽에 '0'을 써서 답 구하기

① 먼저 '86.9' 쓰기

$$86.9 \div 1000 = 0.086.9 \Rightarrow$$ 정답 **0.0869**

② '0'의 개수(3개)만큼 화살표를 그리고 소수점을 왼쪽으로 옮기기

(1) $958.2 \div 100 =$ 정답 _____

(2) $6 \div 1000 =$ 정답 _____

(3) $0.01 \div 10 =$ 정답 _____

(4) $4010 \div 10000 =$ 정답 _____

(5) $3.9 \div 1000 =$ 정답 _____

(6) $7500 \div 10 =$ 정답 _____

(7) $90 \div 100 =$ 정답 _____

(8) $0.23 \div 1000 =$ 정답 _____

(9) $34 \div 10000 =$ 정답 _____

(10) $680000 \div 100 =$ 정답 _____

학부모님께

이 책에서는 독자의 대상 연령을 고려하여 분수는 다루지 않았습니다. 그래서 정답에도 소수로 된 답만 실었습니다.

준비 운동의
총정리 테스트

지금까지 배운 내용을 테스트해보자.
(1문제당 10점, 총 100점) (합격점 80점)

▶ 정답은 131쪽

(1) $951 \div 10 =$ 정답

(2) $0.6 \times 100 =$ 정답

(3) $20 \div 1000 =$ 정답

(4) $8.003 \times 10 =$ 정답

(5) $700 \times 1000 =$ 정답

(6) $0.3 \div 100 =$ 정답

(7) $64.05 \times 10000 =$ 정답

(8) $6600 \div 10000 =$ 정답

(9) $1859 \times 100 =$ 정답

(10) $105.5 \div 1000 =$ 정답

1 장 '길이의 단위 계산'을 정복하자

길이의 단위 cm와 m

그럼 지금부터 본격적으로 '단위'에 대해 공부할 거야. 먼저 길이의 단위부터 시작해 볼까?
길이의 단위 중에 cm와 m를 살펴보자. 각각 이런 식으로 써.

그리고 1m와 100cm는 길이가 같아.

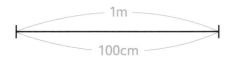

1m와 100cm의 길이가 같다는 것을 '='를 써서 '1m＝100cm'로 나타내.

1m ＝ 100cm

여기서 '='는
1m와 100cm의 길이가
같다는 것을 나타내.

먼저 다음 문제를 보자.

문제

다음 □에 알맞은 수를 넣어보세요.

$$3m = \boxed{} cm$$

그럼 바로 □에 알맞은 수를 생각해보자.

다음 그림처럼 1m와 3m를 비교해보면 답이 나오지 않을까?

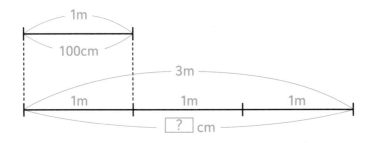

'1m=100cm'이고 3m는 그보다 3배 더 기니까 '100×3'을 계산하면 □에 들어가는 수를 알 수 있겠지.

'100×3=300'이니까 '3m=$\boxed{300}$cm'야. □에 들어갈 수(정답)는 300이지.

이 문제에서는 '100×3'을 계산해서 m 단위를 cm 단위로 바꿨어.

이렇게 'm을 cm로' 고치거나 'cm를 m로' 고치는 '단위 계산' 연습을 해보자.

$$3m = 300cm$$

다른 단위로 바꾸기

m을 cm로, cm를 m로 고쳐라

이 책에서는 '1m=100cm'를 '기본 관계'라고 부를게. 예를 들면 '1m=100cm'에서 '1m와 100cm'를 뒤집은 '100cm=1m'도 '기본 관계'에 해당해.

그럼 '단위 계산' 문제를 함께 더 풀어보자.

문제 1

다음 □에 알맞은 수를 넣어보세요.

15m = □ cm

대부분의 '단위 계산' 문제는 3단계로 풀 수 있어. 3단계로 풀 수 있다고 해서 이 방법을 '3단계법'이라고 이름 붙인 거야. 그러면 3단계법이 어떻게 진행되는지 확실하게 짚고 가자.

'15m=☐cm'에서 색칠한 부분(m와 =와 cm)만 그대로 아래로 옮기자. 거기에 '기본 관계(1m=100cm)'의 '1과 100'을 써.

$$15m \ = \ \boxed{} cm$$

↓   ↓   ↓

색칠한 부분을 아래로 내리고
기본 관계(1m=100cm)의 숫자 쓰기

기본 관계 → $1m \ = \ 100\,cm$

'기본 관계'의 숫자(1과 100)를 보자. '1m=100cm'이니까 m를 cm로 고치기 위해서는 100을 곱하면 되겠지.

$$15m \ = \ \boxed{} cm$$

기본 관계 $1m \ = \ 100\,cm$

100을 곱하면 된다.

마찬가지로 15에 100을 곱하면 ☐에 들어가는 수(정답)를 알 수 있어. (15×100=)1500이야.(100을 곱하는 계산법은 13쪽에 나와 있어.) '15m=1500cm'인 거지.(정답은 1500이야.)

×100

$$15m \ = \ \boxed{1500} cm$$

기본 관계 $1m \ = \ 100\,cm$

×100

38

그럼 반대로 cm를 m로 고치는 문제도 풀어보자.

문제 2

다음 □에 알맞은 수를 넣어보세요.

7cm = □ m

이 문제도 똑같이 3단계법으로 풀어보자.

Step 1

'7cm=□m'에서 색칠한 부분(cm와 =와 m)만 그대로 아래로 옮기자. 거기에 '기본 관계(100cm=1m)'의 '100과 1'을 써.

7 cm = □ m
↓   ↓   ↓
기본 관계   100 cm = 1 m

색칠한 부분을 아래로 내리고
기본 관계(100cm=1m)의 숫자 쓰기

Step 2

'기본 관계'의 숫자(100과 1)를 보자. '100cm=1m'이니까 cm를 m로 고치기 위해서는 100으로 나누면 되겠지.

7 cm = □ m

기본 관계   100 cm = 1 m

100으로 나누면 된다.

마찬가지로 7을 100으로 나누면 □에 들어가는 수(정답)를 알 수 있어.
(7÷100=) 0.07이야.(100으로 나누는 계산법은 28쪽부터 나와 있어.) '7cm=0.07m'
라는 거지.(정답은 0.07이야.)

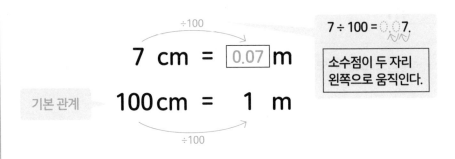

7 ÷ 100 = 0.07.

소수점이 두 자리
왼쪽으로 움직인다.

그럼 이제부터 3단계법으로 m를 cm로, cm를 m로 고치는 연습을 해보자.

Step 1, Step 2, Step 3의
흐름을 조금씩 잡아보는 거야.

1 □에 알맞은 것을 넣어보자. □에는 수나 =, cm, m이 들어가. 그리고 동그라미 번호가 같은 곳에는 같은 수를 써야 해. 잘 모르겠으면 37쪽부터 보면서 하면 돼.

▶정답은 131쪽

(문제) '40m=□ ? □cm'에서 ?에 알맞은 수를 3단계법으로 생각해보세요.

Step 1

'40m=□ ? □cm에서 색칠한 부분(m와 =와 cm)만 그대로 아래로 옮기자.

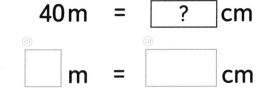

거기에 '기본 관계'(1m=100cm)의 '1과 100'을 쓰자.

40m　=　□ ? □cm

기본 관계를 쓰자.

□m　=　□cm

'기본 관계'의 숫자(1과 100)를 보자. '1m=100cm'이니까 m를 cm로 고치기 위해서는 100을 곱하면 되겠지.

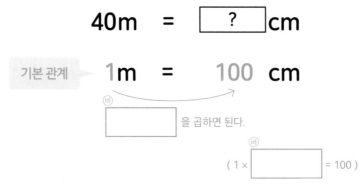

40m = [?] cm

기본 관계 ▶ 1m = 100 cm

(바) [   ] 을 곱하면 된다.

(1 × (바) [   ] = 100)

마찬가지로 40에 100을 곱하면 [?]에 들어가는 수(정답)를 알 수 있어. (400×100=)4000이야. '40m=4000cm'라는 거지.(정답은 4000이야.)

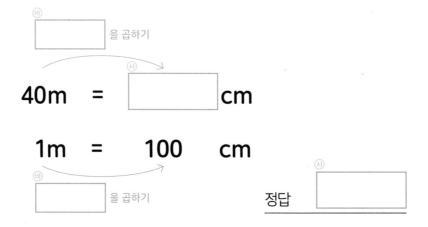

(바) [   ] 을 곱하기

40m = (사) [   ] cm

1m = 100 cm

(바) [   ] 을 곱하기

정답 (사) [   ]

2 □에 알맞은 것을 넣어보자. □에는 수나 =, cm, km가 들어가. 그리고 동그라미 번호가 같은 곳에는 같은 수를 써야 해. 잘 모르겠으면 39쪽부터 보면서 하면 돼.

▶정답은 132쪽

(문제) '90cm=☐? m'에서 ?에 알맞은 수를 3단계법으로 생각해보세요.

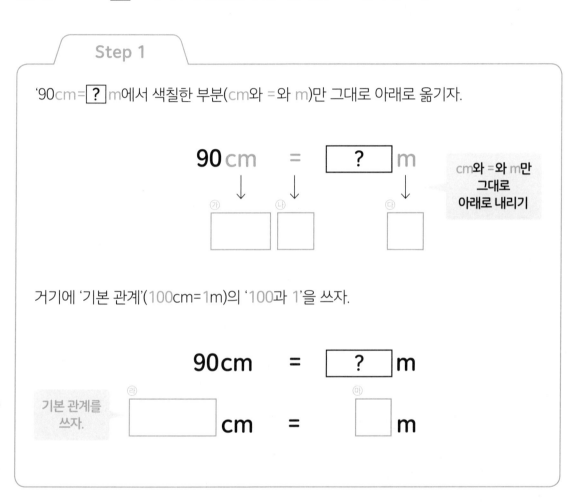

Step 1

'90cm=☐? m에서 색칠한 부분(cm와 =와 m)만 그대로 아래로 옮기자.

90 cm = ☐ ? m

cm와 =와 m만
그대로
아래로 내리기

㉮ ↓   ㉯ ↓   ㉰ ↓

거기에 '기본 관계'(100cm=1m)의 '100과 1'을 쓰자.

90cm = ☐ ? m

기본 관계를
쓰자.

㉱ ___ cm = ㉲ ___ m

'기본 관계'의 숫자(100과 1)를 보자. '100cm=1m'이니까 cm를 m으로 고치기 위해서는 100으로 나누면 되겠지.

90cm = [?] **m**

기본 관계 **100cm** = **1 m**

[ ] 으로 나누면 된다.

(100 ÷ [ ] = 1)

마찬가지로 90을 100으로 나누면 [?]에 들어가는 수(정답)를 알 수 있어. (90÷100=)0.9야. '90cm=0.9m'라는 거지.(정답은 0.9야.)

[ ] 으로 나누기

힌트 '90÷100=㈐'야.

90cm = [ ] **m**

100cm = **1 m**

[ ] 으로 나누기

정답 [ ]

3 다음 (예)에서는 41쪽 **1** '40m=□cm'의 Step 1, Step 2, Step 3를 합체시켰어.

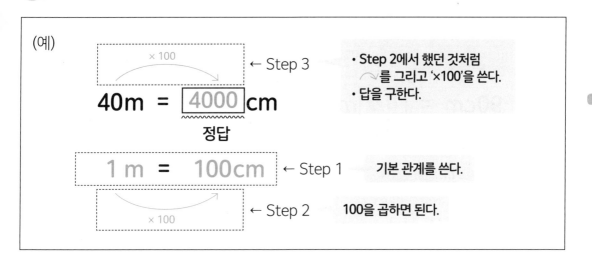

(예)

× 100 ← Step 3

40m = 4000 cm
정답

1 m = 100cm ← Step 1 기본 관계를 쓴다.

← Step 2 100을 곱하면 된다.
× 100

• Step 2에서 했던 것처럼
⌒를 그리고 '×100'을 쓴다.
• 답을 구한다.

• 위의 (예)와 마찬가지로 '1.2m=□cm'의 □에 들어가는 수를 구해보자. 위의 (예)에서 파란 글씨 부분(점선으로 둘러싸인 곳)을 직접 다음 그림에 적어봐. 'Step 1→ Step 2→Step 3' 순서를 지켜서 항상 이 순서대로 풀도록 해.

▶정답은 132쪽

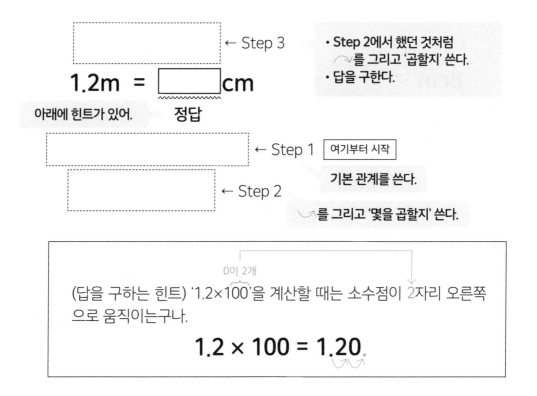

← Step 3

1.2m = ___ cm
아래에 힌트가 있어. 정답

← Step 1 여기부터 시작
기본 관계를 쓴다.

← Step 2
⌒를 그리고 '몇을 곱할지' 쓴다.

• Step 2에서 했던 것처럼
⌒를 그리고 '곱할지' 쓴다.
• 답을 구한다.

0이 2개

(답을 구하는 힌트) '1.2×100'을 계산할 때는 소수점이 2자리 오른쪽으로 움직이는구나.

$$1.2 × 100 = 1.20.$$

4 다음 (예)에서는 43쪽 **2** '90cm=□m'의 Step 1, Step 2, Step 3를 합체시켰어.

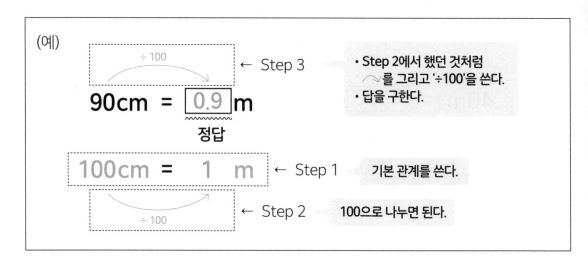

(예)

↵ ÷ 100

90cm = 0.9 m
　　　　정답 ← Step 3

· Step 2에서 했던 것처럼
  ⌒를 그리고 '÷100'을 쓴다.
· 답을 구한다.

100cm = 1 m ← Step 1　기본 관계를 쓴다.

↵ ÷ 100 ← Step 2　100으로 나누면 된다.

· 위의 (예)와 마찬가지로 '8cm=□m'의 □에 들어가는 수를 구해보자. 위의 (예)에서 파란 글씨 부분(점선으로 둘러싸인 곳)을 직접 다음 그림에 적어봐. 'Step 1→ Step 2→Step 3' 순서를 지켜서 항상 이 순서대로 풀도록 해.

▶정답은 132쪽

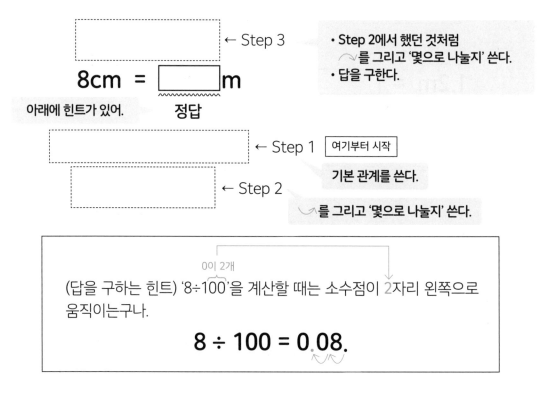

← Step 3

8cm = ___ m
아래에 힌트가 있어.　정답

· Step 2에서 했던 것처럼
  ⌒를 그리고 '몇으로 나눌지' 쓴다.
· 답을 구한다.

← Step 1　여기부터 시작

기본 관계를 쓴다.

← Step 2

⌒를 그리고 '몇으로 나눌지' 쓴다.

0이 2개

(답을 구하는 힌트) '8÷100'을 계산할 때는 소수점이 2자리 왼쪽으로 움직이는구나.

$$8 \div 100 = 0.08.$$

5   다음 문제를 풀어보자.   ▶정답은 133쪽

(1) 이 문제는 점선이 없지만 45쪽과 똑같이 풀자. 'Step 1→Step 2→Step 3' 순서로 써. 점선은 쓰지 않아도 돼.

← Step 3과 답

2.01m = [   ]cm
        정답

← Step1   여기부터 시작

← Step 2

(2) 이 문제는 점선도 단계도 없지만 (1)과 똑같이 풀자. 단계는 쓰여 있지 않지만 'Step 1→Step 2→Step 3' 순서로 써. 점선이나 단계는 쓰지 않아도 돼.

60m = [   ]cm
       정답

힌트가 점점 적어지니까
찬찬히 생각하면서 풀어봐~

6 다음 문제를 풀어보자.

▶ 정답은 133쪽

(1) 이 문제는 점선이 없지만 46쪽과 똑같이 풀자. 'Step 1→Step 2→Step 3' 순서로 써. 점선은 쓰지 않아도 돼.

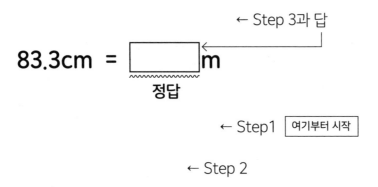

(2) 이 문제는 점선도 단계도 없지만 (1)과 똑같이 풀자. 단계는 쓰여 있지 않지만 'Step 1→Step 2→Step 3' 순서로 써. 점선이나 단계는 쓰지 않아도 돼.

$$77cm = \boxed{} m$$
정답

7 점선도 단계도 없는 문제에 도전해보자. 다음 (예 1)과 (예 2)처럼 각각 ①, ②, ③ 순서로 푼 다음 □에 알맞은 수를 구해보자. 처음에는 무리하지 말고 ①, ②, ③ 순서로 푸는 게 좋은데, 혹시 안 될 것 같으면 답을 먼저 써도 괜찮아.

▶정답은 134쪽

(예 1)
마지막에
답을 쓴다.

× 100 ③

$0.71m = \boxed{71} cm$

① $1 m = 100 cm$

× 100 ②

(예 2)
마지막에
답을 쓴다.

÷ 100 ③

$50 cm = \boxed{0.5} m$

① $100cm = 1 m$

÷ 100 ②

(1)
$100.5cm = \boxed{} m$

(2)
$600m = \boxed{} cm$

(3)
$99cm = \boxed{} m$

(4)
$0.8m = \boxed{} cm$

(5)
$6.93m = \boxed{} cm$

(6)
$40cm = \boxed{} m$

(7)
$20.11cm = \boxed{} m$

(8)
$0.047m = \boxed{} cm$

여기까지 배운 **cm와 m**
테스트 10문제

지금까지 배운 'cm와 m'를 테스트해보자. ☐에 들어가는 수를 구해보세요.
(1문제당 10점, 총 100점) (합격점 80점)

▶정답은 134쪽

(1)

$51m = $ ☐ cm

(2)

$82cm = $ ☐ m

(3)

$0.2m = $ ☐ cm

(4)

$800m = $ ☐ cm

(5)

$5\,cm = $ ☐ m

(6)

$3.65m = $ ☐ cm

(7)

$9.007m = $ ☐ cm

(8)

$1.1cm = $ ☐ m

(9)

$0.47cm = $ ☐ m

(10)

$2025cm = $ ☐ m

길이 단위 mm, cm, m, km

길이 단위로는 cm와 m 말고도 mm, km가 있어. 각각 이런 식으로 써.

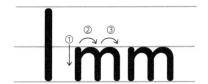 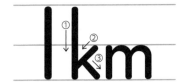

그리고 1mm, 1cm, 1m, 1km 각각의 관계는 다음과 같이 나타낼 수 있어.
실제 길이가 아니라 길이의 관계를 나타낸 그림이야.

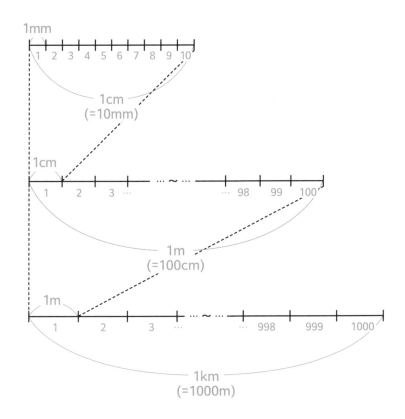

51

mm, cm, m, km의 관계를 정리하면 이렇게 돼.

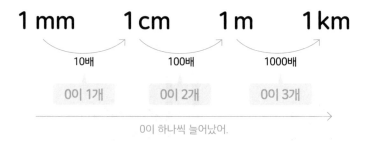

mm의 10배가 1cm, 1cm의 100배가 1m, 1m의 1000배가 1km가 됐어.
10배, 100배, 1000배로 0이 하나씩 늘어나니까 외우기 쉽겠지?

지금까지 '기본 관계'는 '1m=100cm'와 그걸 뒤집은 '100cm=1m'만 다뤘잖아.
mm나 km도 배웠으니까 이제부터는 이런 식으로 '기본 관계'가 늘어날 거야.

● 지금까지 나온 '기본 관계' 정리

1cm = 10mm	1m = 100cm	1km = 1000m
10mm = 1cm	100cm = 1m	1000m = 1km

'1m=□mm'의 □에는 무엇이 들어갈까?

여기서 다음 문제를 살펴보자.

문제 1

> 다음 □에 알맞은 수를 넣어보세요.
>
> 1m = □ mm

이 문제를 보고 '응?' 하는 생각이 든 사람도 있겠지?
'1m=100cm', '1cm=10mm'인데, 그럼 1m는 몇 mm일까?

$$1m = 100cm$$
$$1cm = 10mm$$

→ 그럼 1m는 몇 mm?

mm의 10배가 1cm잖아. 그리고 1cm의 100배가 1m야.
그러니까 아래 그림처럼 mm의 10배, 거기에 또 100배를 하면 1m인 거야.

'10(배)의 100배'를 식으로 나타내면 '10×100'이야.
'10×100'을 계산하면 10×100=1000이니까 mm의 1000배가 1m야.
이건 다음과 같이 나타낼 수 있어.

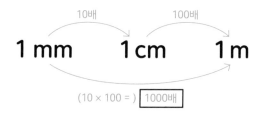

(10 × 100 =) 1000배

1mm의 1000배가 1m니까 '1m=1000mm'야. □에 들어가는 수는 1000이라는 거지.

문제 1 의 정답	1000

다음 □에 알맞은 수를 넣어보세요.

□cm = 1km

'1km=1000m', '1m=100cm'인데, 그럼 1km는 몇 cm일까?

$$1km = 1000m$$
$$1m = 100cm$$

→ 그렇다면 1km는 몇 cm?

1cm의 100배가 1m잖아. 그리고 1m의 1000배가 1km야.
다시 말해 아래 그림처럼 1cm의 100배, 거기에 또 1000배를 하면 1km가 된다는 이야기야.

'100(배)의 1000배'를 식으로 나타내면 '100×1000'이야.
'100×1000'을 계산하면 100×1000=100000이니까 1cm의 100000배가 1km가 돼.
이건 다음과 같이 나타낼 수 있어.

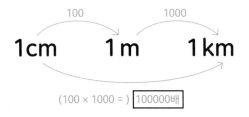

$$(100 \times 1000 =)\ \boxed{100000배}$$

1cm의 100000배가 1km이니까 '1km=100000cm'야.
□에 들어가는 수는 100000이라는 거지.

문제 2 의 정답   100000

여기까지 이해했으면 지금부터는 문제를 풀어보자.

1 다음 □에 알맞은 수를 넣어보자. 참고로 같은 기호에는 같은 수가 들어가.

▶정답은 134쪽

(1) 1 m = [㉮] cm

(2) [㉯] m = 1 km

(3) [㉰] mm = 1 cm

(4) [㉱] mm = 1 m

풀이법 1 m = [㉲] cm로, 1 cm = [㉳] mm이니까,

1 m = [㉲] × [㉳] = [㉱] mm

(5) 1 km = [㉴] cm

풀이법 1 km = [㉵] m로, 1 m = [㉶] cm이니까,

1 km = [㉵] × [㉶] = [㉴] cm

(6) [㉷] mm = 1 km

풀이법 1 km = [㉸] m, 1 m = [㉹] cm,

1 cm = [㉺] mm니까,

1 km = [㉸] × [㉹] × [㉺]

= [㉷] mm

55

m를 mm로, mm를 m로 고쳐라

53쪽을 복습해보자. 1mm의 10배가 1cm였지. 그리고 1cm의 100배가 1m였어.
다시 말해 1mm의 10배, 거기에 또 100배를 하면 1m가 된다는 이야기야.

'10×100'을 계산하면 10×100=1000이니까 1mm의 1000배는 1m야.
따라서 '1m=1000mm'야.

이 '1m=1000mm'와 같은 관계도 '기본 관계'에 넣도록 하자.
그러니까 다음 관계는 모두 '기본 관계'가 되는 거지.

● 지금까지 나온 '기본 관계' 정리

1cm = 10mm	1m = 100cm	1km = 1000m
1m = 1000mm	1km = 100000cm	1km = 1000000mm

 | '='의 좌우를 바꾼 것도 '기본 관계'에 들어가. |

10mm = 1cm	100cm = 1m	1000m = 1km
1000mm = 1m	100000cm = 1km	1000000mm = 1km

'기본 관계'가 갑자기 확 늘었지? 이걸 전부 다 외울 필요는 없어. 그러니 안심해.

예를 들어 '1cm=10mm'와 '1m=100cm'를 알면, 거기서 '1m=1000m'라는 걸 알아낼 수 있지.

그럼 이제부터 'm을 mm로 고치는 문제'를 같이 풀어보자.

문제 1

다음 □에 알맞은 수를 넣어보세요.

72m = [⎸] mm

37쪽부터 배웠던 'm와 cm 문제'랑 푸는 방법이 거의 같아.
3단계법으로 풀었지? 그 방법을 떠올리면서 풀어보자.

Step 1

'72m=[⎸]mm'에서 색칠한 부분(m와 =와 mm)만 그대로 아래로 옮기자. 거기에
'기본 관계(1m=1000mm)'의 '1과 1000'을 써.

$$72\text{m} \quad = \quad \boxed{\quad ? \quad} \text{mm}$$

$$\downarrow \qquad \downarrow \qquad\qquad\qquad \downarrow$$

기본 관계   1m   =   **1000**   mm

색칠한 부분을 아래로 내리고
기본 관계(1m=1000mm)의
숫자 쓰기

Step 2

'기본 관계'의 숫자(1과 1000)를 보자. '1m=1000mm'니까 m를 mm로 고치기 위해
서는 1000을 곱하면 되겠지.

$$72\text{m} \quad = \quad \boxed{\quad ? \quad} \text{mm}$$

$$1\text{m} \quad = \quad 1000 \quad \text{mm}$$

1000을 곱하면 된다.

마찬가지로 72에 1000을 곱하면 □에 들어가는 수(정답)를 알 수 있어. (72×1000=)
72000이야. 따라서 '72m=72000mm'라는 뜻이지.(정답은 72000이야.)

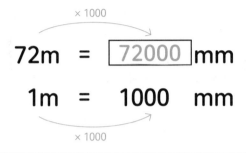

기본 관계만 알아두면 'm와 cm' 때랑 똑같은 풀이법으로 풀 수 있어.
그럼 거꾸로 'mm를 m로 고치는 문제'도 같이 풀어보자.

문제 2

다음 □에 알맞은 수를 넣어보세요.

180mm = ☐ m

마찬가지로 3단계법을 써서 풀자.

Step 1

'180mm=☐m'에서 색칠한 부분(mm와 =와 m)만 그대로 아래로 옮기자. 거기
에 '기본 관계(1000mm=1m)'의 '1000과 1'을 써.

$$180\text{mm} = \boxed{?}\ \text{m}$$
$$\downarrow \qquad \downarrow \qquad \qquad \downarrow$$
기본 관계 $$1000\text{mm} = 1\ \text{m}$$

색칠한 부분을
아래로 옮기고
기본 관계
(1000mm=1m)의
숫자 쓰기

Step 2

'기본 관계'의 숫자(1000과 1)를 보자. '1000mm=1m'이니까 mm를 m로 고치기 위해서는 1000으로 나누면 되겠지.

$$180mm \quad = \quad \boxed{\ ?\ } \ m$$

$$1000mm \quad = \quad 1 \quad m$$

1000으로 나누면 된다.

Step 3

마찬가지로 180을 1000으로 나누면 □에 들어가는 수(정답)를 알 수 있어. (180÷1000=) 0.18이야. 따라서 '180mm=0.18m'라는 뜻이지.(정답은 0.18이야.)

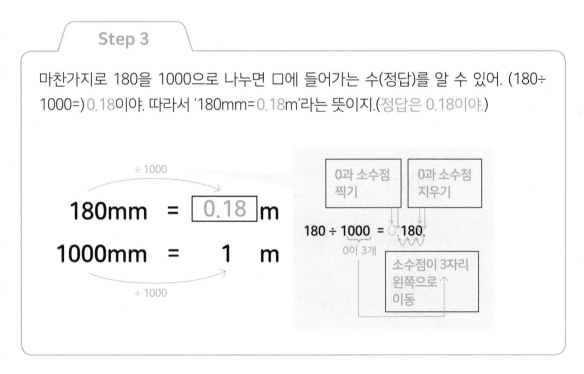

그럼 이제부터 3단계법으로 m를 mm로, mm를 m로 고치는 연습을 해보자.

1 □에 알맞은 것을 넣어보자. □에는 수나 =, mm, m가 들어가. 그리고 동그라미 번호가 같은 곳에는 같은 수를 써야 해. 잘 모르겠으면 57쪽부터 보면서 하면 돼.

▶정답은 135쪽

(문제) '80m=[?]mm'에서 ?에 알맞은 수를 3단계법으로 생각해보세요.

Step 1

'80m=[?]mm'에서 색칠한 부분(m와 =와 mm)만 그대로 아래로 옮기자.

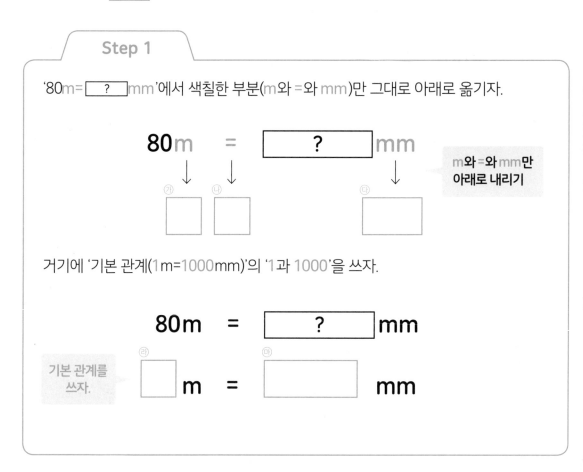

거기에 '기본 관계(1m=1000mm)'의 '1과 1000'을 쓰자.

Step 2

'기본 관계'의 숫자(1과 1000)를 보자. '1m=1000mm'니까 m를 mm로 고치려면 1000을 곱하면 되겠지.

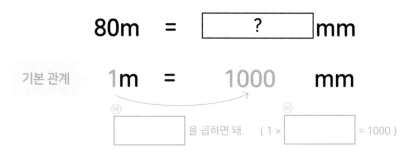

80m = [?] mm

기본 관계   **1m = 1000 mm**

(바)[ ] 을 곱하면 돼.   (1 × (바)[ ] = 1000)

Step 3

마찬가지로 80에 1000을 곱하면 [?]에 들어가는 수(정답)를 알 수 있어. (80× 1000=)80000이야. 따라서 '80m=80000mm'라는 뜻이지.(정답은 80000이야.)

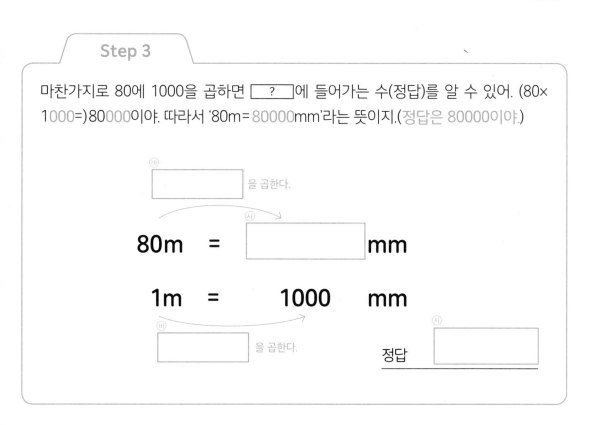

(바)[ ] 을 곱한다.

80m = (사)[ ] mm

1m = 1000 mm

(바)[ ] 을 곱한다.   정답 (사)[ ]

2 □에 알맞은 것을 넣어보자. □에는 수나 =, mm, m가 들어가. 그리고 동그라미 번호가 같은 곳에는 같은 수를 써야 해. 잘 모르겠으면 58쪽부터 보면서 하면 돼.

▶정답은 135쪽

(문제) '200mm=⬚ m'에서 ?에 알맞은 수를 3단계법으로 생각해보세요.

Step 1

'200mm=⬚ m'에서 색칠한 부분(mm와 =와 m)만 그대로 아래로 옮기자.

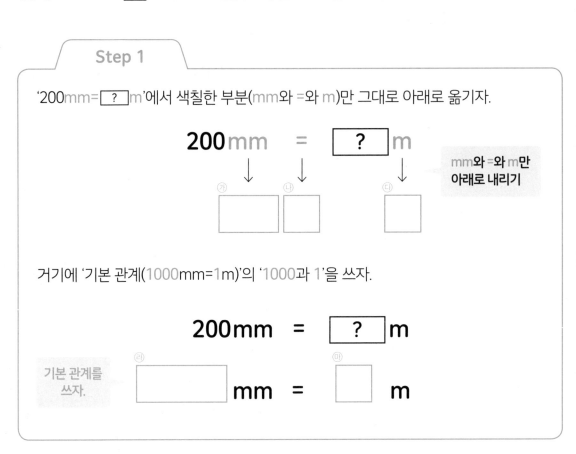

거기에 '기본 관계(1000mm=1m)'의 '1000과 1'을 쓰자.

Step 2

'기본 관계'의 숫자(1000과 1)를 보자. '1000mm=1m'니까 mm를 m로 고치려면 1000으로 나누면 되겠지.

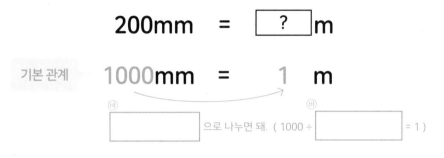

200mm = [?]m

기본 관계   1000mm =   1   m

⑼ [   ] 으로 나누면 돼. (1000 ÷ ⑼ [   ] = 1)

Step 3

마찬가지로 200을 1000으로 나누면 [?]에 들어가는 수(정답)를 알 수 있어. (200÷1000=) 0.2야. 따라서 '200mm=0.2m'라는 뜻이지.(정답은 0.2야.)

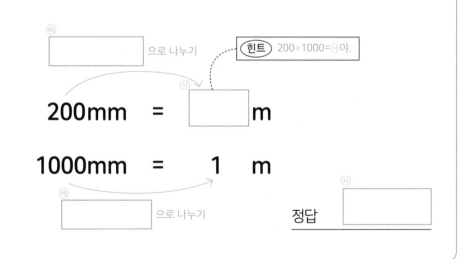

⑼ [   ] 으로 나누기

힌트 200÷1000=⑷야.

⑷
200mm = [   ] m

1000mm =   1   m

⑼ [   ] 으로 나누기

정답   ⑷ [   ]

3 다음 (예)에서는 60쪽 **1** '80m=□mm'의 Step 1, Step 2, Step 3를 합체시켰어.

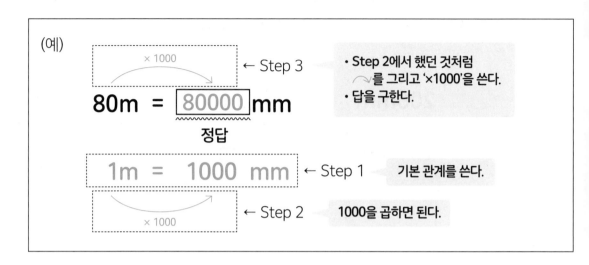

(예)

$\times 1000$ ← Step 3

• Step 2에서 했던 것처럼 ⌒를 그리고 '×1000'을 쓴다.
• 답을 구한다.

80m = | 80000 | mm
정답

1m = 1000 mm ← Step 1   기본 관계를 쓴다.

$\times 1000$ ← Step 2   1000을 곱하면 된다.

• 위의 (예)와 마찬가지로 '0.61m=□mm'의 □에 들어가는 수를 구해보자. 위의 (예)에서 파란 글씨 부분(점선으로 둘러싸인 곳)을 직접 다음 그림에 적어봐. 'Step 1→Step 2→Step 3' 순서를 지켜서 항상 이 순서대로 풀도록 해.

▶정답은 135쪽

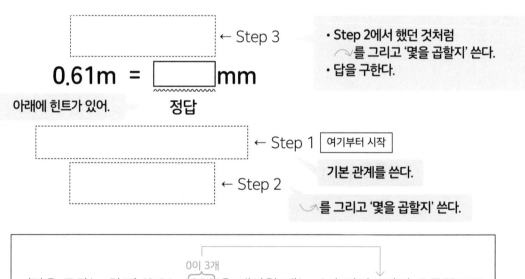

← Step 3

• Step 2에서 했던 것처럼 ⌒를 그리고 '몇을 곱할지' 쓴다.
• 답을 구한다.

0.61m = | | mm
아래에 힌트가 있어.   정답

← Step 1   여기부터 시작
기본 관계를 쓴다.

← Step 2
⌒를 그리고 '몇을 곱할지' 쓴다.

0이 3개

(답을 구하는 힌트) '0.61×1000'을 계산할 때는 소수점이 3자리 오른쪽으로 움직이는구나.

$$0.61 \times 1000 = 0.61\underset{}{}$$

4 다음 (예)에서는 62쪽 **2** '200mm=□m'의 Step 1, Step 2, Step 3를 합체시켰어.

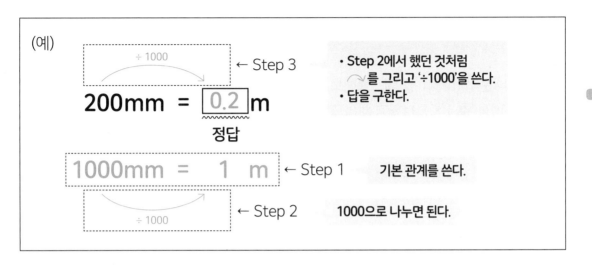

(예)

200mm = $\boxed{0.2}$ m
정답
← Step 3 (÷1000)

- Step 2에서 했던 것처럼 ⌒를 그리고 '÷1000'을 쓴다.
- 답을 구한다.

1000mm = 1 m ← Step 1   기본 관계를 쓴다.

← Step 2 (÷1000)   1000으로 나누면 된다.

• 위의 (예)와 마찬가지로 '50mm=□m'의 □에 들어가는 수를 구해보자. 위의 (예)에서 파란 글씨 부분(점선으로 둘러싸인 곳)을 직접 다음 그림에 적어봐. 'Step 1→Step 2 →Step 3' 순서를 지켜서 항상 이 순서대로 풀도록 해.

▶정답은 135쪽

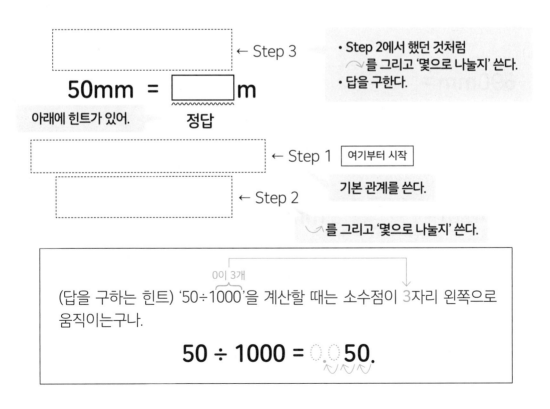

← Step 3

- Step 2에서 했던 것처럼 ⌒를 그리고 '몇으로 나눌지' 쓴다.
- 답을 구한다.

50mm = ⬜ m
아래에 힌트가 있어.   정답

← Step 1 여기부터 시작

기본 관계를 쓴다.

← Step 2

⌒를 그리고 '몇으로 나눌지' 쓴다.

0이 3개

(답을 구하는 힌트) '50÷1000'을 계산할 때는 소수점이 3자리 왼쪽으로 움직이는구나.

50 ÷ 1000 = ⸰⸰50.

여기까지 배운 **mm와 m**
테스트 10문제

지금까지 배운 'mm와 m'를 테스트해보자. ☐에 들어가는 수를 구해보세요.
(1문제당 10점, 총 100점) (합격점 80점)

▶정답은 135쪽

(1)

11m = ☐ mm

(2)

0.93m = ☐ mm

(3)

7000mm = ☐ m

(4)

2.41m = ☐ mm

(5)

690mm = ☐ m

(6)

80mm = ☐ m

(7)

3.142m = ☐ mm

(8)

1mm = ☐ m

(9)

48.8mm = ☐ m

(10)

500m = ☐ mm

km를 cm로, cm를 km로 고쳐라

54쪽을 복습해보자. 1cm의 100배가 1m였지. 그리고 1m의 1000배가 1km였어.
다시 말해 1cm의 100배, 거기에 또 1000배를 하면 1km가 된다는 이야기야.

'100×1000'을 계산하면 100×1000=100000이니까 1cm의 100000배는 1km야.
따라서 '1km=100000cm'야.

이 '1km=100000cm'나 '='의 좌우를 바꾼 '100000cm=1km'와 같은 관계를 '기본 관계'
라고 했어.

문제 1

다음 □에 알맞은 수를 넣어보세요.

79km = [   ] cm

푸는 방법은 56쪽부터 배운 'm와 mm 문제'랑 거의 비슷해.
3단계법으로 풀 수 있었지. 그 방법을 떠올리면서 풀어보자.

'79km=☐cm'에서 색칠한 부분(km와 =와 cm)만 그대로 아래로 옮기자. 거기에 '기본 관계(1km=100000cm)'의 '1과 100000'을 써.

79km = ☐ **?** ☐ cm
↓　　　↓　　　　　　↓
기본 관계　**1**km = **100000** cm

색칠한 부분을 아래로 내리고 기본 관계 (1km=100000cm)의 숫자 쓰기

'기본 관계'의 숫자(1과 100000)를 보자. '1km=100000cm'니까 km를 cm로 고치기 위해서는 100000을 곱하면 되겠지.

79km = ☐ **?** ☐ cm
1km = 100000 cm

100000을 곱하면 된다.

Step 3

마찬가지로 79에 100000을 곱하면 □에 들어가는 수(정답)를 알 수 있어. (79×100000=) 7900000이야. '79km=7900000cm'인 거지.(정답은 7900000이야.)

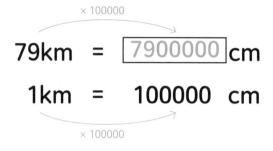

기본 관계만 알아두면 'm와 mm' 때랑 똑같은 풀이법으로 풀 수 있어.

그럼 거꾸로 'cm를 km로 고치는 문제'도 같이 풀어보자.

문제 2

다음 □에 알맞은 수를 넣어보세요.

3050cm = ⬚ km

지금까지 했던 것처럼 3단계법으로 풀어보자.

'3050cm=[   ]km'에서 색칠한 부분(cm와 =와 km)만 그대로 아래로 옮기자. 거기에 '기본 관계(100000cm=1km)'의 '100000과 1'을 써.

3050cm = [**?**   ] km

↓   ↓   ↓

100000cm = **1**   km

> 색칠한 부분을
> 아래로 내리고
> 기본 관계
> (100000cm=1km)의
> 숫자 쓰기

'기본 관계'의 숫자(100000과 1)를 보자.
'100000cm=1km'이니까 cm를 km로 고치기 위해서는 100000으로 나누면 되겠지.

3050cm = [**?**   ]km

100000cm = 1   km

100000으로 나누면 된다.

Step 3

마찬가지로 3050을 100000으로 나누면 □에 들어가는 수(정답)를 알 수 있어.
(3050÷100000=) 0.0305야. '3050cm=0.0305km'인 거지.(정답은 0.0305야.)

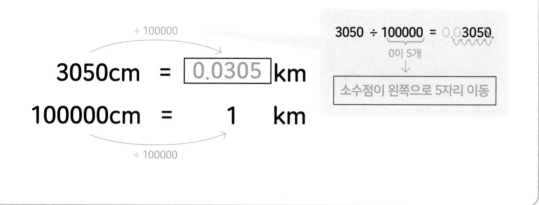

$$÷ 100000$$

$$3050cm = \boxed{0.0305} \ km$$

$$100000cm = 1 \quad km$$

$$÷ 100000$$

3050 ÷ 100000 = 0.03050

0이 5개

소수점이 왼쪽으로 5자리 이동

그럼 이제부터 3단계법으로 cm를 km로, km를 cm로 고치는 연습을 해보자.

숫자가 커도 푸는 방법은 똑같으니까
안심해~

1 □에 알맞은 것을 넣어보자. □에는 수나 =, cm, m가 들어가. 그리고 동그라미 번호가 같은 곳에는 같은 수를 써야 해. 잘 모르겠으면 67쪽부터 보면서 하면 돼.

▶정답은 136쪽

(문제) '8.2km=□ ? □cm'에서 ?에 알맞은 수를 3단계법으로 생각해보세요.

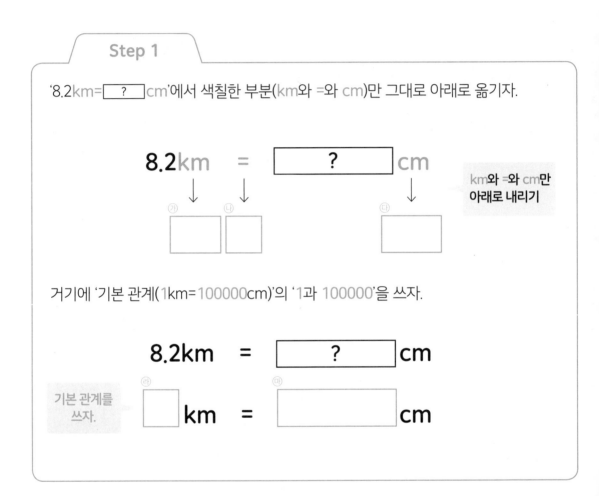

Step 2

'기본 관계'의 숫자(1과 100000)를 보자. '1km=100000cm'니까 km를 cm로 고치기 위해서는 100000을 곱하면 되겠지.

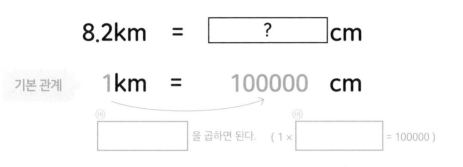

$$8.2km \quad = \quad \boxed{\qquad ? \qquad} \quad cm$$

기본 관계 $\quad 1km \quad = \quad 100000 \quad cm$

(바) ☐ 을 곱하면 된다. (1 × (바) ☐ = 100000)

Step 3

마찬가지로 8.2에 100000을 곱하면 ? 에 들어가는 수(정답)를 알 수 있어.
(8.2×100000=) 82000이야. '8.2km=820000cm'라는 거지.(정답은 820000이야.)

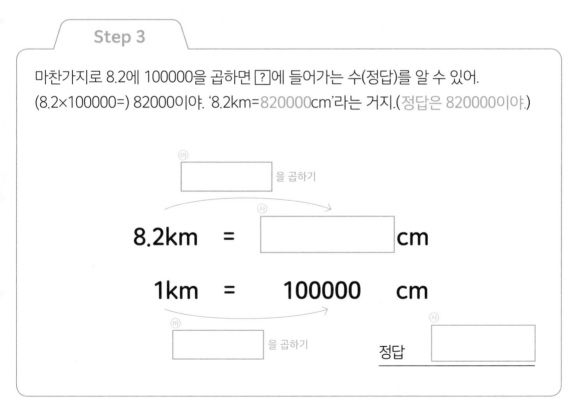

(바) ☐ 을 곱하기

$$8.2km \quad = \quad \boxed{\qquad\qquad} \text{(사)} \quad cm$$

$$1km \quad = \quad 100000 \quad cm$$

(바) ☐ 을 곱하기 $\qquad$ 정답 $\quad$ (사) ☐

2 □에 알맞은 것을 넣어보자. □에는 숫자나 =, cm, km가 들어가. 그리고 동그라미 번호가 같은 곳에는 같은 수를 써야 해. 잘 모르겠으면 69쪽부터 보면서 하면 돼.

▶정답은 136쪽

(문제) '90cm= [?] km'에서 ?에 알맞은 수를 3단계법으로 생각해보세요.

Step 1

'8.2km= [?] cm'에서 색칠한 부분(km와 =와 cm)만 그대로 아래로 옮기자.

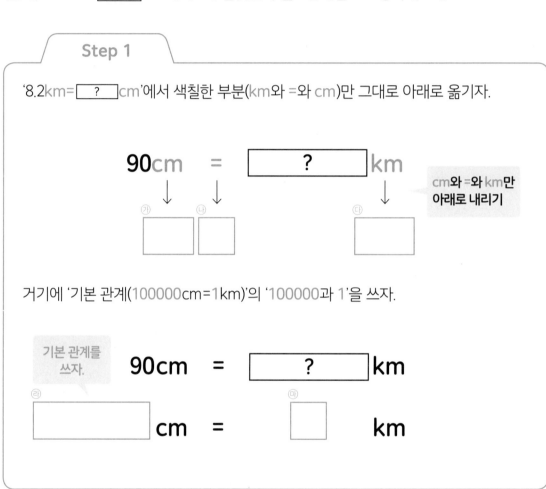

거기에 '기본 관계(100000cm=1km)'의 '100000과 1'을 쓰자.

Step 2

'기본 관계'의 숫자(100000과 1)를 보자. '100000cm=1km'니까 cm를 km로 고치기 위해서는 100000으로 나누면 되겠지.

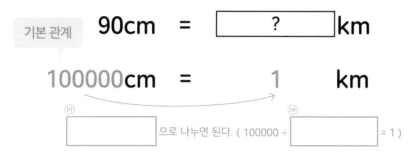

기본 관계

90cm = 　　**?**　　**km**

100000cm = 　**1**　　**km**

⒃

　　　　　　으로 나눈다. (100000 ÷ 　　　　　 = 1)

Step 3

마찬가지로 90을 100000으로 나누면 　**?**　에 들어가는 수(정답)를 알 수 있어. (90÷100000=) 0.0009야. '90cm=0.0009km'라는 거지.(정답은 0.0009야.)

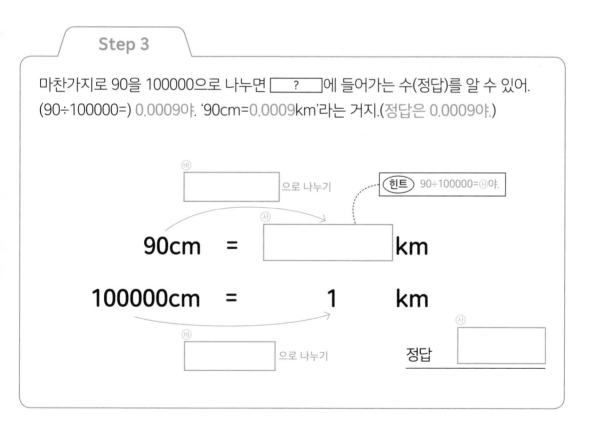

⒃

　　　　　　으로 나누기

힌트　90÷100000=㉛야.

90cm = 　　　　　　**km**

100000cm = 　**1**　　**km**

⒃

　　　　　　으로 나누기

정답　㉛

3 다음 (예)에서는 72쪽 **1** '8.2km=□cm'의 Step 1, Step 2, Step 3를 합체시켰어.

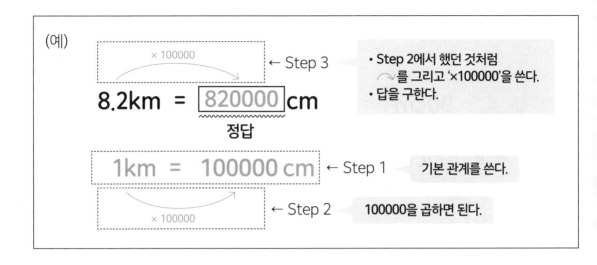

(예)

× 100000

8.2km = 820000 cm ← Step 3

정답

• Step 2에서 했던 것처럼 ⌒를 그리고 '×100000'을 쓴다.
• 답을 구한다.

1km = 100000 cm ← Step 1   기본 관계를 쓴다.

× 100000 ← Step 2   100000을 곱하면 된다.

• 위의 (예)와 마찬가지로 '0.0012km=□cm'의 □에 들어가는 수를 구해보자. 위의 (예)에서 파란 글씨 부분(점선으로 둘러싸인 곳)을 직접 다음 그림에 적어봐. 'Step 1→Step 2→Step 3' 순서를 지켜서 항상 이 순서대로 풀도록 해.

▶정답은 136쪽

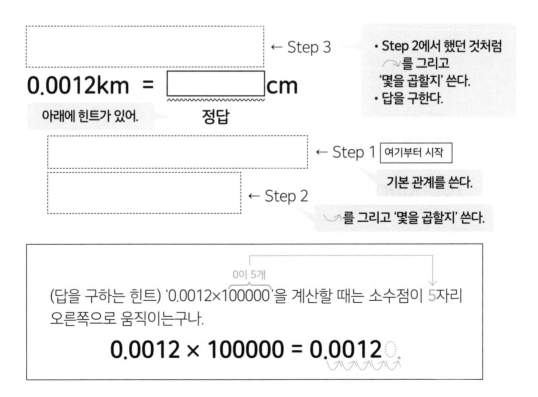

← Step 3

0.0012km = ▭ cm

아래에 힌트가 있어.   정답

• Step 2에서 했던 것처럼 ⌒를 그리고 '몇을 곱할지' 쓴다.
• 답을 구한다.

← Step 1 [여기부터 시작]

기본 관계를 쓴다.

← Step 2

⌒를 그리고 '몇을 곱할지' 쓴다.

0이 5개

(답을 구하는 힌트) '0.0012×100000'을 계산할 때는 소수점이 5자리 오른쪽으로 움직이는구나.

0.0012 × 100000 = 0.0012○

4 다음 (예)에서는 74쪽 **2** '90cm=□km'의 Step 1, Step 2, Step 3를 합체시켰어.

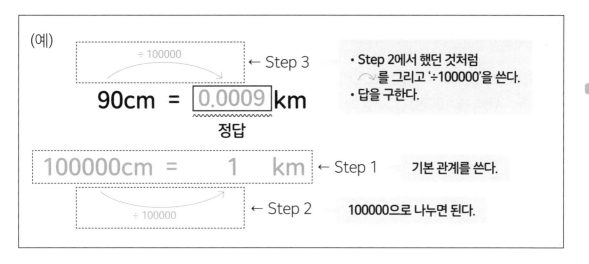

(예)

÷ 100000 ← Step 3

90cm = ⎡0.0009⎤km

정답

· Step 2에서 했던 것처럼 ⌒를 그리고 '÷100000'을 쓴다.
· 답을 구한다.

100000cm = 1 km ← Step 1   기본 관계를 쓴다.

÷ 100000 ← Step 2   100000으로 나누면 된다.

· 위의 (예)와 마찬가지로 '7870cm=□km'의 □에 들어가는 수를 구해보자. 위의 (예)에서 파란 글씨 부분(점선으로 둘러싸인 곳)을 직접 다음 그림에 적어봐. 'Step 1→Step 2→Step 3' 순서를 지켜서 항상 이 순서대로 풀도록 해. ▶정답은 136쪽

← Step 3

· Step 2에서 했던 것처럼 ⌒를 그리고 '몇으로 나눌지' 쓴다.
· 답을 구한다.

7870cm = ⎡　　⎤km

아래에 힌트가 있어.   정답

← Step 1 ⎡여기부터 시작⎤

기본 관계를 쓴다.

← Step 2

⌒를 그리고 '몇으로 나눌지' 쓴다.

0이 5개

(답을 구하는 힌트) '7870÷100000'을 계산할 때는 소수점이 5자리 왼쪽으로 움직이는구나.

7870 ÷ 100000 = 0.07870.

77

여기까지 배운 cm와 km
테스트 10문제

지금까지 배운 'cm와 km'를 테스트해보자. □에 들어가는 수를 구해보세요.
(1문제당 10점, 총 100점) (합격점 80점)   ▶ 정답은 136쪽

(1)
10km = [   ] cm

(2)
0.035km = [   ] cm

(3)
74000cm = [   ] km

(4)
2 cm = [   ] km

(5)
1980cm = [   ] km

(6)
0.01001km = [   ] cm

(7)
460100cm = [   ] km

(8)
32km = [   ] cm

(9)
0.00845km = [   ] cm

(10)
600000cm = [   ] km

1장 '길이'
총정리 테스트 ①

점수와 소요 시간		
1회차	점	분 초
2회차	점	분 초
3회차	점	분 초

지금까지 배운 '길이의 단위'를 테스트할 거야. 다음 장의 □에 들어가는 수를 구해봐.
(1문제당 10점, 총 100점) (합격점 70점)

▶정답은 137쪽

 힌트 ①

길이의 기본 관계   ※ 특히 '1km=1000000mm'라는 사실에 주의하자.

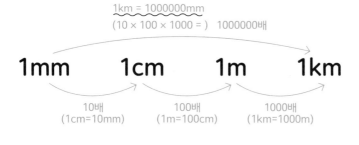

1km = 1000000mm
(10 × 100 × 1000 =) 1000000배

1mm   1cm   1m   1km

10배
(1cm=10mm)

100배
(1m=100cm)

1000배
(1km=1000m)

 힌트 ②

소수점 이동하기

(곱셈)   0.04 × 1000000 = 0.040000.
0이 6개   소수점이 오른쪽으로 6자리 이동

⇒   정답   **40000**

(나눗셈) 50 ÷ 1000 = 0.050.   ⇒   정답   **0.05**
0이 3개   소수점이 왼쪽으로 3자리 이동

(1)

1mm = [ ] cm

(2)

200m = [ ] km

(3)

5km = [ ] mm

(4)

314cm = [ ] m

(5)

7000mm = [ ] km

(6)

0.0208km = [ ] cm

(7)

390m = [ ] cm

(8)

76600mm = [ ] m

(9)

0.10503m = [ ] mm

(10)

9800cm = [ ] km

'길이'
총정리 테스트 ②

지금까지 배운 'cm와 km'를 테스트해보자. □에 들어가는 수를 구해보세요.
(1문제당 10점, 총 100점) **(합격점 80점)**

▶정답은 137쪽

(1)

$19cm = $ ⬜ mm

(2)

$270000mm = $ ⬜ km

(3)

$6m = $ ⬜ mm

(4)

$41km = $ ⬜ cm

(5)

$0.3mm = $ ⬜ m

(6)

$80000000cm = $ ⬜ km

(7)

$50km = $ ⬜ m

(8)

$72mm = $ ⬜ cm

(9)

$0.0068m = $ ⬜ cm

(10)

$10.1km = $ ⬜ mm

길이, 무게, 넓이, 부피 단위의 관계를
아이에게 어떻게 가르칠까?

> ※ 2장에 들어가기에 앞서 집에 계신 부모님들께 조언합니다. 아이들에게도 가르쳐주세요.

1장에서는 길이의 단위를 함께 계산해 봤습니다. 길이의 '기본 관계'와 '3단계법'(37쪽부터 참조)만 확실히 알아도 단위 계산에 익숙해진다는 걸 아셨을 거예요.

길이 단위뿐 아니라 초등학교에서 배우는 단위(무게, 면적, 넓이, 부피) 계산은 '기본 관계'와 '3단계법'이라는 두 기둥만 잘 이해하면 쉽게 풀 수 있어요.

- **기본 관계(1m = 100cm 등)**
- **3단계법**

이 두 기둥 만 확실히 잡으면
초등학교에서 배우는
'단위 계산' 정복 가능

> ※ 무게, 면적, 넓이, 부피의 뜻
>
> **무게**: 물건의 무거운 정도
> **면적**: 평면이나 구면이 차지하는 넓이의 크기
> **넓이**: 평면의 크기
> **부피**: 넓이와 높이를 가진 물건이 공간에서 차지하는 크기

'3단계법'은 1장에서 반복 연습을 했으니까 대충 흐름이 잡히는 아이들도 많을 거예요. 2장부터 나오는 무게, 넓이, 부피 단위도 '3단계법'을 사용해서 답을 구할 수 있어요.

'초등학교에서 배우는 단위의 기본 관계'라는 말만 들으면 복잡하게 느껴질 수도 있어요. 하지만 지금부터 소개하는 '기본 관계'만 알아두면 됩니다. 책 끝부분에 있는 '단위의 기본 관계 〈한눈에〉 시트'도 유용하게 활용하세요.

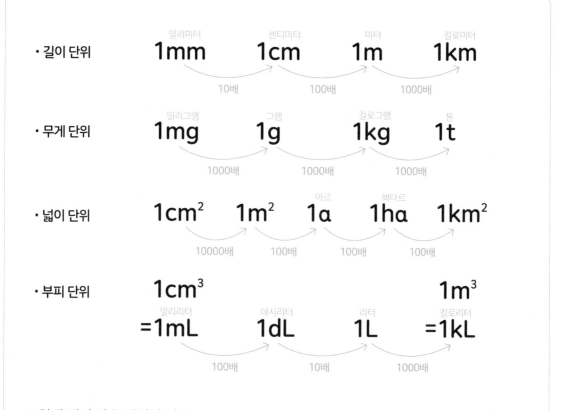

* 길이 단위

밀리미터 $1mm$　센티미터 $1cm$　미터 $1m$　킬로미터 $1km$

10배　100배　1000배

* 무게 단위

밀리그램 $1mg$　그램 $1g$　킬로그램 $1kg$　톤 $1t$

1000배　1000배　1000배

* 넓이 단위

$1cm^2$　$1m^2$　아르 $1a$　헥타르 $1ha$　$1km^2$

10000배　100배　100배　100배

* 부피 단위

$1cm^3$　　　　　　$1m^3$

$=1mL$　$1dL$　$1L$　$=1kL$

밀리리터　데시리터　리터　킬로리터

100배　10배　1000배

※ 위에 적지 않은 단위의 이름
cm^2(제곱센티미터), m^2(제곱미터), km^2(제곱킬로미터), cm^3(세제곱센티미터), m^3(세제곱미터)

위에 나타낸 각 단위의 '기본 관계'를 확실히 알아두면 되는데, 통째로 암기하는 건 어렵습니다. 그래서 기본 관계를 꽉 잡는 5가지 포인트를 소개하려고 합니다.

기본 관계를 꽉 잡는 5가지 포인트

① m(밀리)를 떼면 1000배가 되고, k(킬로)를 붙이면 1000배가 된다.
② '무거운 천사, 면 100%'
③ cm^2, m^2, km^2의 관계는 정사각형을 그려보면 알 수 있다.
④ cm^3와 m^3의 관계는 정육면체를 그려보면 알 수 있다.
⑤ 같은 양을 나타내는 두 쌍의 단위가 있다.

각 포인트를 하나씩 설명해 보겠습니다.

① m(밀리)를 떼면 **1000배가** 되고, k(킬로)를 붙이면 **1000배가** 된다.

예를 들어 1mg에서 m을 떼면 1000배인 1g이 됩니다.
그리고 1g에 k를 붙이면 1000배인 1kg이 되지요.

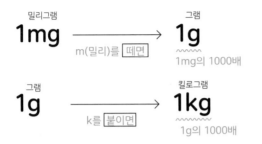

이렇게 'm(밀리)를 떼면 1000배가 되고, k를 붙이면 1000배가 된다'는 사실만 알아도 다음 단위 관계를 전부 잡을 수 있어요.

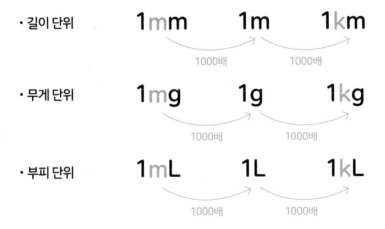

'(m이나 k의 의미와) 연관 지어 외우기'는 암기의 비결 중 하나입니다. 꼭 알아두세요.

※ 원래 k(킬로)는 '1000배'를 나타내고, m(밀리)는 '1000분의 1(배)'을 나타냅니다. 이미 분수를 배운 아이들에게는 원래 뜻을 가르쳐줘도 되는데, 아직 분수를 배우지 않은 아이들도 있기 때문에 분수를 쓰지 않고 말로 설명하는 방법을 소개했습니다.

역사 연호를 외우는 것처럼 첫 글자를 따서 외우면 더 빨리 외워지고 기억에도 오래 남습니다.

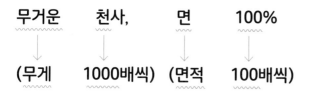

무거운	천사,	면	100%
↓	↓	↓	↓
(무게	1000배씩)	(면적	100배씩)

이 말을 풀어보면 '무게는 1000배씩, 면적은 100배씩'이라는 뜻입니다. 실제 단위의 관계를 살펴봅시다.

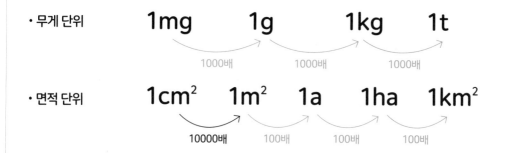

・무게 단위

$$1mg \quad 1g \quad 1kg \quad 1t$$

1000배   1000배   1000배

・면적 단위

$$1cm^2 \quad 1m^2 \quad 1a \quad 1ha \quad 1km^2$$

10000배   100배   100배   100배

이렇게 무게는 1000배씩 증가해요. 그런데 면적(넓이)은 $1cm^2$에서 $1m^2$가 10000배인 것을 제외하면 $1m^2$ 이후에는 100배씩 증가한다는 걸 알 수 있습니다. 이 주문을 외워 무게와 면적 (넓이) 단위의 관계를 확실히 잡아 두세요.

③ cm², m², km²의 관계는 정사각형을 그려보면 알 수 있다.

넓이 단위 cm², m², km²에 대해서는 각각 101쪽부터 자세히 볼 수 있습니다.
이 단위에는 '1m²=10000cm²', '1km²=1000000m²'라는 관계가 있는데,
둘 다 통째로 외우려는 아이들이 있어요. 그런데 그렇게 하면 머리에 오래 남지 않아요.
그런데 '종이에 정사각형 그리기'를 사용하면 통 암기를 할 필요가 없습니다.
어떤 방법인지 소개할게요.

먼저 cm²와 m²의 관계를 알아볼게요. '한 변이 1m인 정사각형의 넓이가 1m²'입니다.
종이를 준비해서 다음과 같이 넓이가 1m²인 정사각형을 그려보세요.

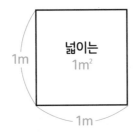

'1m=100cm'이므로 한 변이 100cm인 정사각형의 넓이(1m²)는
100×100=10000(cm²)입니다
('정사각형의 넓이=한 변×한 변'을 아직 배우지 않은 아이들에게는 가르쳐주세요.)
이렇게 하면 다음 그림과 같이 '1m²=10000cm²'라는 사실을 알 수 있어요.

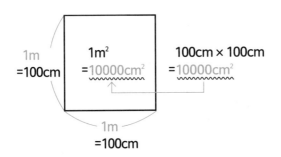

다음으로 m²과 km²의 관계를 알아볼게요. '한 변이 1km인 정사각형의 넓이가 1km²'입니다.
방금 했던 것처럼 종이에 넓이가 1km²인 정사각형을 그려서 생각해보세요.

'1km=1000m'니까 한 변이 1000m인 정사각형의 넓이(1km²)는
1000×1000=1000000(m²)입니다.
이렇게 해서 '1km²=1000000m²'라는 사실을 알았습니다.

④ cm³와 m³의 관계는 정육면체를 그려보면 알 수 있다.

부피의 단위 cm³와 m³의 관계(114쪽부터 참조)는 '종이에 정육면체 그리기'를 사용하면 통으로 암기할 필요가 없습니다. 종이를 준비하여 다음과 같이 부피가 1m³인 정육면체를 그려보세요. '한 변이 1m인 정육면체의 부피가 1m³입니다.

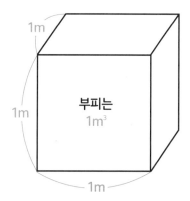

'1m=100cm'이므로 한 변이 100㎝인 정육면체의 부피(1m³)는
100×100×100=1000000(cm³)입니다
('정육면체의 부피=한 변×한 변×한 변'을 아직 배우지 않은 아이들에게는 가르쳐주세요.)
이렇게 하면 다음 그림과 같이 '1m³=1000000cm³'라는 사실을 알 수 있어요.

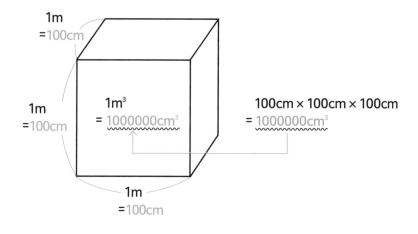

⑤ **같은 양을 나타내는** 두 쌍의 단위**가 있다.**

부피의 단위 cm^3와 용적(물의 부피)의 단위 mL는 같은 양을 나타내며 '$1cm^3$=1mL'입니다. 또한 부피의 단위 m^3와 용적(물의 부피)의 단위 kL도 같은 양을 나타내며 '$1m^3$=1kL'입니다. 이 두 쌍은 같은 양을 나타내니 꼭 알아두세요.

지금까지 소개한 5가지 포인트만 기억하면 각 단위의 관계를 거의 다 잡을 수 있습니다.

아이들이 5가지 포인트를 바탕으로 83쪽에 있는 '초등학교에서 배우는 단위의 기본 관계'를 아무런 도움 없이 혼자서 종이에 척척 쓸 수 있게 됐을 때 2장으로 진도를 나가도록 합시다. 서두르지 말고 천천히 해도 되니까 각 '기본 관계'는 확실히 짚고 넘어가세요.

아니면 아이들에게 책 끝부분에 있는 '단위의 기본 관계 〈한눈에〉 시트'를 보여주면서 2장 이후의 문제를 풀게 하는 것도 추천합니다.

2 장 '무게의 단위 계산'을 정복하자

풀이법은 '길이'와 똑같다

이제 '길이 단위' 다음은 '무게 단위'야.

……이 말을 듣고 '응? 또 처음부터 다시 시작하는 거야?'라고 생각했다면 안심해도 돼.
'무게 단위'의 기본 관계를 꽉 잡으면, '길이 단위' 때랑 똑같이 3단계법으로 풀 수 있어.
무게에서 자주 쓰는 단위는 g(그램)이야.

그럼 무게의 '기본 관계'부터 알아보자.

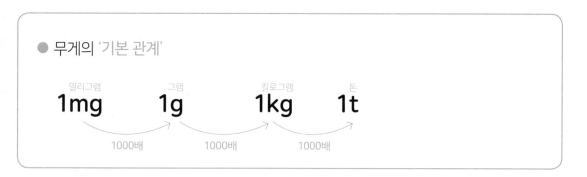

무게의 '기본 관계'는 1000배씩 증가해. t이라는 단위를 본 적 없는 친구들도 있겠지만,
1kg의 1000배가 1t이야. 각각 이렇게 써.

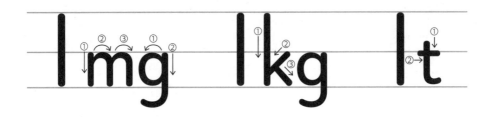

※ 학부모님께 : '1g'도 쓰는 방법이 있으니까 아이들의 교과서를 확인하세요.

여기까지 하면 준비 끝~ 그럼 바로 '무게 단위의 계산'을 같이 풀어보자.

문제

다음 □에 알맞은 수를 넣어보세요.

0.9t = [　　　　　] kg

'길이의 단위'와 마찬가지로 3단계법으로 풀 수 있어. 그 방법을 떠올리면서 풀어보자.

Step 1

'0.9t=□kg'에서 색칠한 부분(t와 =와 kg)만 그대로 아래로 옮기자. 거기에 '기본 관계(1t=1000kg)'의 '1과 1000'을 써.

$$0.9t \quad = \quad \boxed{\ ?\ }\ kg$$
$$\downarrow \quad \downarrow \qquad\quad \downarrow$$
기본 관계 → $$1t \quad = \quad 1000\ kg$$

색칠한 부분을 아래로 내리고 기본 관계(1t=1000kg)의 숫자 쓰기

Step 2

'기본 관계'의 숫자(1과 1000)를 보자. '1t=1000kg'이니까 t을 kg으로 고치기 위해서는 1000을 곱하면 되겠지.

$$0.9t = \boxed{\quad ? \quad}kg$$

$$1t = 1000\ kg$$

1000을 곱하면 된다.

Step 3

마찬가지로 0.9에 1000을 곱하면 □에 들어가는 수(정답)를 알 수 있어. (0.9×1000=) 900이야. '0.9t=900kg'인 거지.(정답은 9000이야.)

×1000

$$0.9t = \boxed{900}kg$$

$$1t = 1000\ kg$$

×1000

어때? 정말 '길이 단위' 때랑 똑같이 3단계법으로 풀었지?
그럼 이제부터 연습에 들어가 보자.

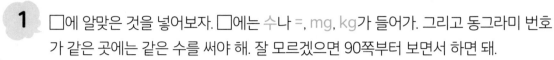

단위 계산에 도전 [무게]

1 □에 알맞은 것을 넣어보자. □에는 수나 =, mg, kg가 들어가. 그리고 동그라미 번호가 같은 곳에는 같은 수를 써야 해. 잘 모르겠으면 90쪽부터 보면서 하면 돼.

▶정답은 137쪽

(문제) '0.006kg=[?]mg'에서 ?에 알맞은 수를 구해보세요.

 힌트

> 무게의 기본 관계
>
> 밀리그램   그램   킬로그램   톤
> **1mg**   **1g**   **1kg**   **1t**
> 1000배   1000배   1000배

'3단계법'에 들어가기 전에 기본 관계의 '1kg이 몇 mg인지' 알아보자.

힌트를 보면, 1mg의 ⑦[   ] 배가 1g이고, 1g의 ⑭[   ] 배가 1kg이라는 걸 알 수 있지.

그러니까 '1kg이 몇 mg인가'를 구하려면 '⑦[   ] × ⑭[   ]'을 계산하면 돼. 계산해보면

⑦[   ] × ⑭[   ] = ㉰[   ]

따라서 '1kg=㉰[   ]mg'이 '기본 관계'가 된다는 거야.

이제부터 3단계법에 들어갈게.

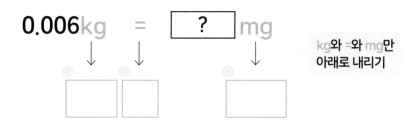

Step 1

'0.006kg=□ ? □mg'에서 색칠한 부분(kg와 =와 mg)만 그대로 아래로 옮기자.

$$0.006\text{kg} \quad = \quad \boxed{ ? } \quad \text{mg}$$

↓ ↓ ↓

(라) (마) (바)

kg와 =와 mg만
아래로 내리기

거기에 '기본 관계(1kg=1000000mg)'의 '1과 1000000'을 써.

$$0.006\text{kg} \quad = \quad \boxed{ ? } \quad \text{mg}$$

기본 관계

(사) □ kg = □ mg

Step 2

'기본 관계'의 숫자(1과 1000000)를 보자. '1kg=1000000mg'이니까 kg을 mg으로
고치기 위해서는 1000000을 곱하면 되겠지.

$$0.006\text{kg} \quad = \quad \boxed{ ? } \quad \text{mg}$$

$$1\text{kg} \quad = \quad 1000000 \ \text{mg}$$

(지)

□ 을 곱하면 된다.

마찬가지로 0.006에 1000000을 곱하면 □에 들어가는 수(정답)를 알 수 있어.
(0.006×1000000=) 6000이야. '0.006kg=6000mg'인 거지.(정답은 6000이야).

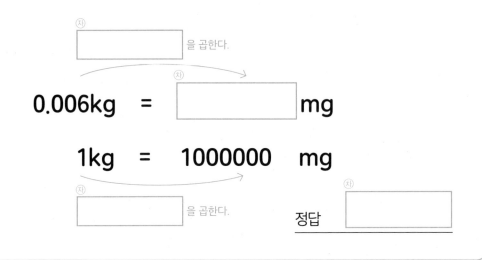

무게 단위의 계산도
3단계법으로 풀 수 있구나~

94

2 □에 알맞은 것을 넣어보자. □에는 수나 =, g, t이 들어가. 그리고 동그라미 번호가 같은 곳에는 같은 수를 써야 해. 잘 모르겠으면 90쪽부터 보면서 하면 돼.

▶정답은 137쪽

(문제) '73200g=□ ? □t'에서 ?에 알맞은 수를 구해보세요.

💡 **힌트**

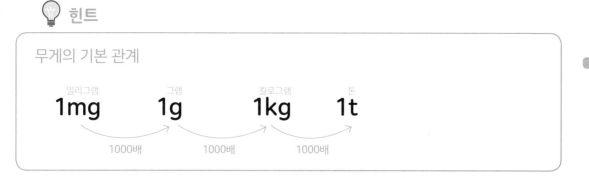

'3단계법'에 들어가기 전에 기본 관계의 '1t이 몇 g인지' 알아보자.

힌트를 보면, 1g의 □(가)□ 배가 1kg이고, 1kg의 □(나)□ 배가 1t이라는 걸 알 수 있지.

그러니까 '1t이 몇 g인가'를 구하려면 '□(가)□ × □(나)□'을 계산하면 돼. 계산해보면

□(가)□ × □(나)□ = □(다)□

따라서 '1t=□(다)□ g'이 '기본 관계'가 된다는 거야.

이제부터 3단계법에 들어갈게.

'73200g=☐?☐t'에서 색칠한 부분(g와 =와 t)만 그대로 아래로 옮기자.

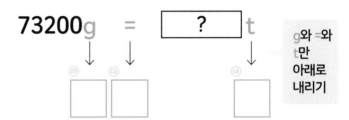

$$73200g \quad = \quad \boxed{?} \; t$$

(라) (마) (바)

g와 =와
t만
아래로
내리기

거기에 '기본 관계(1000000g=1t)'의 '1000000과 1'을 써.

$$73200g \quad = \quad \boxed{?} \, t$$

기본
관계
(사) ☐ g = (아) ☐ t

'기본 관계'의 숫자(1000000과 1)를 보자. '1000000g=1t'이니까 g을 t으로 고치기 위해서는 1000000으로 나누면 되겠지.

$$73200g \quad = \quad \boxed{?} \, t$$

$$1000000g \quad = \quad 1 \quad t$$

(자)
☐ 으로 나누면 된다.

Step 3

마찬가지로 73200을 1000000으로 나누면 □에 들어가는 수(정답)를 알 수 있어.
(73200÷1000000=) 0.0732야. '73200g=0.0732t'인 거지.(정답은 0.0732야.)

2장 수업은 여기서 끝이야. 앞에서도 말했지만 '기본 관계'와 '3단계법'만 확실히 알면 단위
계산을 할 수 있어. 그럼 이제부터 2장 총정리 테스트에 들어갈게.

이제부터는 '총정리 테스트'야.
파이팅!

2 장 '무게'
총정리 테스트 ①

점수와 소요 시간

1회차	점	분	초
2회차	점	분	초
3회차	점	분	초

지금까지 배운 '무게의 단위'를 테스트할 거야. 99쪽의 □에 들어가는 수를 구해봐.
(1문제당 10점, 총 100점) (합격점 70점)

▶정답은 137쪽

💡 힌트

무게의 기본 관계

밀리그램	그램	킬로그램	톤
1mg	**1g**	**1kg**	**1t**

1000배   1000배   1000배

💡 힌트 ②

소수점 이동하기

(곱셈)   0.04 × 1000000 = 0.040000.

0이 6개   소수점이 오른쪽으로 6자리 이동

⇒   정답   **40000**

(나눗셈) 50 ÷ 1000 = 0.050. ⇒ 정답   **0.05**

0이 3개   소수점이 왼쪽으로 3자리 이동

(1)

100g = ☐ kg

(2)

2 kg = ☐ g

(3)

0.041t = ☐ g

(4)

0.009kg = ☐ mg

(5)

24900000g = ☐ t

(6)

99t = ☐ kg

(7)

0.73kg = ☐ t

(8)

2025mg = ☐ g

(9)

8g = ☐ mg

(10)

1000mg = ☐ kg

2장 '무게'
총정리 테스트 ②

지금까지 배운 '무게의 단위'를 테스트할 거야. 아래의 □에 들어가는 수를 구해봐.
(1문제당 10점, 총 100점) (합격점 70점)

▶정답은 137쪽

(1)
10100kg = ☐ **t**

(2)
0.07g = ☐ **mg**

(3)
30g = ☐ **t**

(4)
43000000mg = ☐ **kg**

(5)
6100000g = ☐ **kg**

(6)
15t = ☐ **g**

(7)
0.02mg = ☐ **g**

(8)
10kg = ☐ **mg**

(9)
0.0000074t = ☐ **kg**

(10)
0.0005kg = ☐ **g**

3 장 '넓이의 단위 계산'을 정복하자

'넓이'도 풀이법이 똑같다

넓이를 면적이라고도 해. 수학에서 자주 나오는 넓이의 단위는 cm^2(제곱센티미터)야. '한 변이 1cm인 정사각형의 넓이가 $1cm^2$'야.

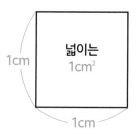

넓이의 단위에는 cm^2 말고도 m^2, a, ha, km^2가 있어. 각각 m^2(제곱미터), a(아르), ha(헥타르), km^2(제곱킬로미터)라고 읽지. 당장 한꺼번에 외우려고 하지 말고 각자 속도에 맞춰서 공부하면 돼.

그럼 넓이의 '기본 관계'부터 알아보자.

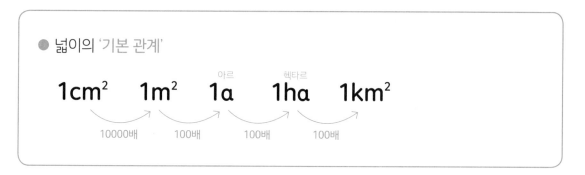

a와 ha를 어떻게 쓰는지 지금부터 함께 보자.

(※ cm²나 m²는 각각 'm'의 오른쪽 위에 조그맣게 '2'를 쓰면 돼.)

참고로 '한 변이 1cm인 정사각형의 넓이가 1cm²', '한 변이 1m인 정사각형의 넓이가 1m²', '한 변이 1km인 정사각형의 넓이가 1km²야.

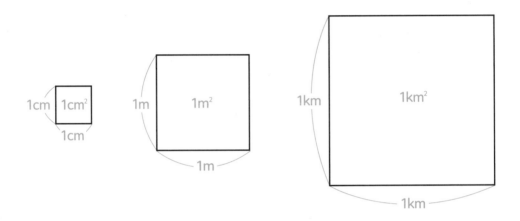

여기까지 하면 준비 끝~ 그럼 바로 '넓이 단위의 계산'을 같이 풀어보자.

문제

다음 □에 알맞은 수를 넣어보세요.

$6.05m^2 = \boxed{} cm^2$

지금까지 했던 것처럼 3단계법으로 풀 수 있어. 차근차근 구해보자.

'6.05m^2=☐cm^2'에서 색칠한 부분(m^{2}와 =와 cm^2)만 그대로 아래로 옮기자. 거기에 '기본 관계(1m^2=10000cm^2)'의 '1과 10000'을 써.

$$6.05\text{m}^2 \ = \ \boxed{\quad ? \quad} \ \text{cm}^2$$

색칠한 부분을 아래로 내리고
기본 관계(1m^2=10000cm^2)
숫자 쓰기

기본 관계　　$1\text{m}^2 \ = \ 10000 \ \text{cm}^2$

'기본 관계'의 숫자(1과 10000)를 보자. '1m^2=10000cm^2'이니까 m^{2}를 cm^{2}로 고치기 위해서는 10000을 곱하면 되겠지.

$$6.05\text{m}^2 \ = \ \boxed{\quad ? \quad} \ \text{cm}^2$$

$$1\text{m}^2 \ = \ 10000 \ \text{cm}^2$$

10000을 곱하면 된다.

마찬가지로 6.05에 10000을 곱하면 □에 들어가는 수(정답)를 알 수 있어. (6.05×10000=) 60500이야. '6.05m²=60500cm²'인 거지.(정답은 60500이야.)

$$\times\ 10000$$

$$6.05m^2\ =\ \boxed{60500}\ cm^2$$

$$1m^2\ =\ 10000\ cm^2$$

$$\times\ 10000$$

이번에도 지금까지 했던 것처럼 3단계법으로 풀었어. 그럼 이제부터 연습을 해보자.

단위 계산에 도전 넓이

1 □에 알맞은 것을 넣어보자. □에는 수나 =, m², ha가 들어가. 그리고 동그라미 번호가 같은 곳에는 같은 수를 써야 해. 잘 모르겠으면 102쪽부터 보면서 하면 돼.

▶ 정답은 138쪽

(문제) '0.3ha = $\boxed{?}$ m²'에서 ?에 알맞은 수를 구해보세요.

💡 **힌트**

넓이의 기본 관계

1cm²　　1m²　　1a　　1ha　　1km²

10000배　　100배　　100배　　100배

'3단계법'에 들어가기 전에 기본 관계의 '1ha가 몇 m²인지' 알아보자.

힌트를 보면, 1m²의 [　　　（가）　　　] 배가 1a이고, 1a의 [　　　（나）　　　] 배가 1ha라는 걸 알 수 있지.

그러니까 '1ha이 몇 m²인가'를 구하려면 '[　（가）　] × [　（나）　]'을 계산하면 돼. 계산을 해보면,

[　（가）　] × [　（나）　] = [　（다）　]

따라서 '1ha = [　（다）　] m²'가 '기본 관계'가 된다는 거야.

이제부터 3단계법에 들어갈게.

Step 1

'0.3ha=☐ ? ☐m²'에서 색칠한 부분(ha와 =와 m²)만 그대로 아래로 옮기자.

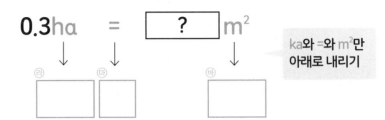

$$0.3ha \quad = \quad \boxed{?} \ m^2$$

ka와 =와 m²만
아래로 내리기

㉣ ↓　㉤ ↓　　　　　㉥ ↓

☐　☐　　☐

거기에 '기본 관계(1ha=10000m²)'의 '1과 10000'을 써.

$$0.3ha \quad = \quad \boxed{?} \quad m^2$$

기본 관계

㉦ ☐ ha　=　㉧ ☐ m²

Step 2

'기본 관계'의 숫자(1과 10000)를 보자. '1ha=10000m²'니까 ha를 m²로 고치기 위해서는 10000을 곱하면 되겠지.

$$0.3ha \quad = \quad \boxed{?} m^2$$

$$1ha \quad = \quad 10000 \ m^2$$

㉨ ☐ 을 곱하면 된다.

마찬가지로 0.3에 10000을 곱하면 □에 들어가는 수(정답)를 알 수 있어. (0.3× 10000=) 3000이야. '0.3ha=3000m²'인 거지.(정답은 3000이야.)

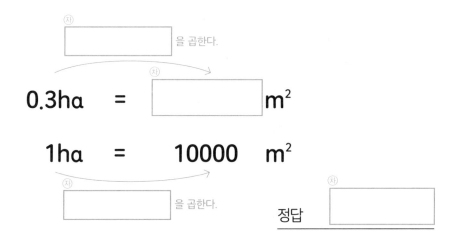

이제 '3단계법'에 익숙해졌지?

2 □에 알맞은 것을 넣어보자. □에는 수나 =, a, km²가 들어가. 그리고 동그라미 번호가 같은 곳에는 같은 수를 써야 해. 잘 모르겠으면 102쪽부터 보면서 하면 돼.

▶정답은 138쪽

(문제) '180a = ⌐?⌐ km²'에서 ?에 알맞은 수를 구해보세요.

💡 **힌트**

넓이의 기본 관계

1cm²   1m²   1a   1ha   1km²

10000배   100배   100배   100배

'3단계법'에 들어가기 전에 기본 관계의 '1km²가 몇 a인지' 알아보자.

힌트를 보면, 1a의 ㉮[   ] 배가 1ha이고, 1ha의 ㉯[   ] 배가 1km²라는 걸 알 수 있지.

그러니까 '1km²이 몇 a인가'를 구하려면 '㉮[   ] × ㉯[   ]'을 계산하면 돼. 계산을 해보면,

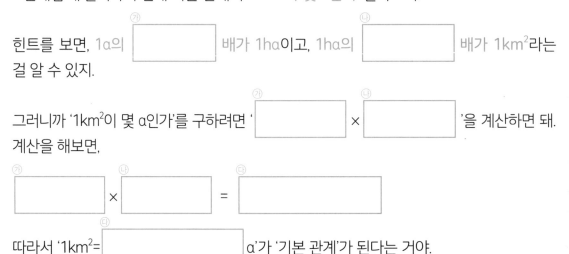

㉮[   ] × ㉯[   ] = ㉰[   ]

따라서 '1km² = ㉰[   ] a'가 '기본 관계'가 된다는 거야.

이제부터 3단계법에 들어갈게.

Step 1

'180a=$\boxed{\ ?\ }$km²'에서 색칠한 부분(a와 =와 km²)만 그대로 아래로 옮기자.

$$180a \quad = \quad \boxed{\ ?\ } \ km^2$$

↓ (라)   ↓ (마)   ↓ (바)

$\square \quad \square \quad\quad\quad \square$

a와 =와 km²만
아래로 내리기

거기에 '기본 관계(10000a=1km²)'의 '10000과 1'을 써.

기본 관계 $180a \quad = \quad \boxed{\ ?\ } km^2$

(사) $\boxed{}a \quad = \quad \boxed{}\ km^2$ (아)

Step 2

'기본 관계'의 숫자(10000과 1)를 보자. '10000a=1km²'니까 a를 km²로 고치기 위해서는 10000으로 나누면 되겠지.

$$180a \quad = \quad \boxed{\ ?\ } km^2$$

$$10000a \quad = \quad 1 \quad km^2$$

(자) $\boxed{}$ 으로 나누면 된다.

마찬가지로 180을 10000으로 나누면 □에 들어가는 수(정답)를 알 수 있어. (180÷ 10000=) 0.018이야. '180a=0.018km²'인 거지.(정답은 0.018이야.)

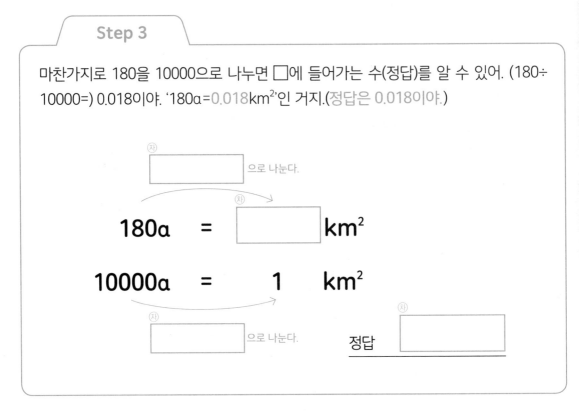

3장 수업은 여기서 끝이야. 이제부터는 3장 총정리 테스트에 들어갈게.

'넓이'
총정리 테스트 ①

지금까지 배운 '넓이의 단위'를 테스트할 거야. 112쪽의 □에 들어가는 수를 구해봐.
(1문제당 10점, 총 100점) (합격점 70점)

▶정답은 138쪽

 힌트

넓이의 기본 관계

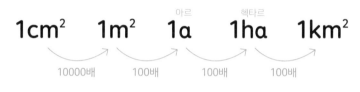

$$1cm^2 \quad 1m^2 \quad \overset{\text{아르}}{1a} \quad \overset{\text{헥타르}}{1ha} \quad 1km^2$$

10000배   100배   100배   100배

 힌트 ②

소수점 이동하기

(곱셈)　0.04 × 1000000 = 0.040000.

　　　　　　　　0이 6개　　소수점이 오른쪽으로 6자리 이동

⇒　정답　40000

(나눗셈) 50 ÷ 1000 = 0.050.　⇒　정답　0.05

　　　　　　0이 3개　소수점이 왼쪽으로 3자리 이동

(1)

$9.21m^2 =$ [   ] cm^2

(2)

$30km^2 =$ [   ] ha

(3)

$0.0107ha =$ [   ] m^2

(4)

$3000000cm^2 =$ [   ] a

(5)

$9800ha =$ [   ] km^2

(6)

$5a =$ [   ] ha

(7)

$170cm^2 =$ [   ] m^2

(8)

$9km^2 =$ [   ] m^2

(9)

$0.004a =$ [   ] m^2

(10)

$6.7ha =$ [   ] a

3 장 '넓이'
총정리 테스트 ②

점수와 소요 시간

1회차	점	분	초
2회차	점	분	초
3회차	점	분	초

지금까지 배운 '넓이의 단위'를 테스트할 거야. 아래의 □에 들어가는 수를 구해봐.
(1문제당 10점, 총 100점) (합격점 70점)　　　　　　　　　　　▶정답은 138쪽

(1)
$0.2a =$ ⬚ cm^2

(2)
$1cm^2 =$ ⬚ m^2

(3)
$700m^2 =$ ⬚ a

(4)
$58.05km^2 =$ ⬚ ha

(5)
$66a =$ ⬚ m^2

(6)
$0.1ha =$ ⬚ a

(7)
$0.4008m^2 =$ ⬚ cm^2

(8)
$120a =$ ⬚ ha

(9)
$39000a =$ ⬚ km^2

(10)
$5600m^2 =$ ⬚ ha

4 장 '부피의 단위 계산'을 정복하자

✏️ '부피'도 3단계법으로 푼다

입체 도형의 크기를 부피(=체적)라고 해. 수학에서 자주 나오는 부피의 단위는 cm³(세제곱 센티미터)야.

그리고 정사각형 6개의 면으로 둘러싸인 입체도형을 정육면체라고 해.
'한 변이 1cm인 정육면체의 체적(부피)이 1cm³야.

부피의 단위는 cm³ 말고도 m³(세제곱미터)가 있어. '한 변이 1cm인 정육면체의 체적이 1cm³', '한 변이 1m인 정육면체의 체적이 1m³'야.

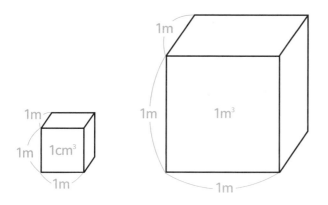

부피와 함께 용적도 알아두도록 해. 용적이란 용기 안에 가득 차는 물의 부피를 말해.
용적은 작은 단위부터 mL(밀리리터), dL(데시리터), L(리터), kL(킬로리터)가 있어.

그리고 부피와 용적의 '기본 관계'는 이렇게 돼.

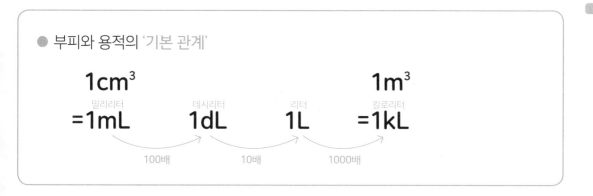

● 부피와 용적의 '기본 관계'

각각 이런 식으로 쓰면 돼.

여기까지 하면 준비 끝! 그럼 바로 '부피 단위의 계산'을 같이 풀어보자.

문제 1

다음 □에 알맞은 수를 넣어보세요.

$$0.32\text{kL} = \boxed{}\ \text{L}$$

지금까지 했던 것처럼 3단계법으로 풀 수 있어. 차근차근 구해보자.

Step 1

'0.32kL=□ L'에서 색칠한 부분(kL와 =와 L)만 그대로 아래로 옮기자. 거기에 '기본 관계(1kL=1000L)'의 '1과 1000'을 써.

$$0.32\text{kL} \quad = \quad \boxed{\quad ? \quad}\ \text{L}$$
$$\downarrow \qquad \downarrow \qquad\qquad \downarrow$$

기본 관계 $\qquad 1\text{kL} \quad = \quad 1000\ \text{L}$

색칠한 부분을 아래로 내리고
기본 관계(1kL=1000L)
숫자 쓰기

Step 2

'기본 관계'의 숫자(1과 1000)를 보자. '1kL=1000L'니까 kL를 L로 고치기 위해서는 1000을 곱하면 되겠지.

$$0.32\text{kL} \quad = \quad \boxed{\quad ? \quad}\ \text{L}$$

$$1\text{kL} \quad = \quad 1000\ \text{L}$$

$$\times\ 1000$$

Step 3

마찬가지로 0.32에 1000을 곱하면 □에 들어가는 수(정답)를 알 수 있어. (0.32×1000=) 320이야. '0.32kL=320L'인 거지.(정답은 320이야.)

$$\times 1000$$

$$0.32kL = \boxed{320} \; L$$

$$1kL = 1000 \; L$$

$$\times 1000$$

문제 2

다음 □에 알맞은 수를 넣어보세요.

$$58mL = \boxed{} cm^3$$

이 문제는 3단계법을 쓰지 않아도 풀 수 있어. 115쪽의 '기본 관계'를 보자. 'mL와 cm^3'은 같은 양을 나타내는 단위라는 걸 알 수 있지? 따라서 '58mL=58cm^3'야. 정답은 58인 거지.

그리고 'm^3과 kL'도 같은 양을 나타내는 단위야. 예를 들어 '0.5m^3= □ kL' 같은 문제가 나오면, 똑같이 구하면 돼.(□에 들어가는 수는 0.5)

그럼 이제부터 연습에 들어가 보자.

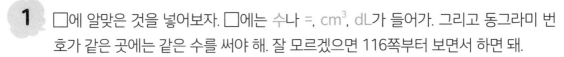

단위 계산에 도전 [부피]

1 □에 알맞은 것을 넣어보자. □에는 수나 =, cm³, dL가 들어가. 그리고 동그라미 번호가 같은 곳에는 같은 수를 써야 해. 잘 모르겠으면 116쪽부터 보면서 하면 돼.

▶정답은 138쪽

(문제) '0.01dL=⬚cm³'에서 ?에 알맞은 수를 3단계법으로 생각해보자.

Step 1

'0.01dL=[?]cm³'에서 색칠한 부분(dL와 =와 cm³)만 그대로 아래로 옮기자.

$$0.01dL \quad = \quad \boxed{?} \; cm^3$$

↓ ↓ ↓

㉮ ㉯ ㉰

dL와 =와 cm³만
아래로 내리기

거기에 '기본 관계(1dL=100cm³)'의 '1과 100'을 써.

$$0.01dL \quad = \quad \boxed{?} \quad cm^3$$

기본 관계

㉱ dL = ㉲ cm³

Step 2

'기본 관계'의 숫자(1과 100)를 보자. '1dL=100cm³'니까 dL을 cm³로 고치기 위해서는 100을 곱하면 되겠지.

$$0.01\text{dL} \quad = \quad \boxed{?} \text{ cm}^3$$

$$1\text{dL} \quad = \quad 100 \text{ cm}^3$$

을 곱하면 된다.

Step 3

마찬가지로 0.01에 100을 곱하면 ⌈ ? ⌉에 들어가는 수(정답)를 알 수 있어. (0.01× 100=) 1이야. '0.01dL=1cm³'인 거지.(정답은 1이야.)

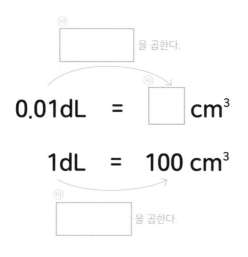

을 곱한다.

$$0.01\text{dL} \quad = \quad \boxed{} \text{ cm}^3$$

$$1\text{dL} \quad = \quad 100 \text{ cm}^3$$

을 곱한다.

정답

2 □에 알맞은 것을 넣어보자. □에는 수나 =, dL, kL가 들어가. 그리고 동그라미 번호가 같은 곳에는 같은 수를 써야 해. 잘 모르겠으면 116쪽부터 보면서 하면 돼.

▶정답은 138쪽

(문제) '89000dL = □ ? kL'에서 ?에 알맞은 수를 구해보세요.

💡 **힌트**

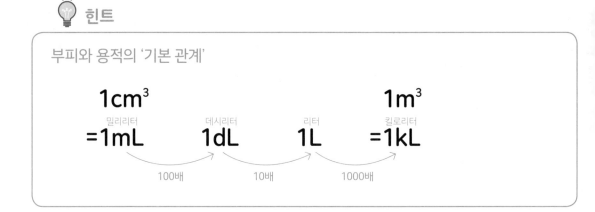

'3단계법'에 들어가기 전에 기본 관계의 '1kL이 몇 dL인지' 알아보자.

힌트를 보면, 1dL의 □(가) 배가 1L이고, 1L의 □(나) 배가 1kL라는 걸 알 수 있지.

그러니까 '1kL이 몇 dL인가'를 구하려면 '□(가) × □(나) '을 계산하면 돼. 계산을 해보면,

따라서 '1kL = □(다) dL'이 '기본 관계'가 된다는 거야.

이제부터 3단계법에 들어갈게.

'89000dL= ? kL'에서 색칠한 부분(dL와 =와 kL)만 그대로 아래로 옮기자.

$$89000dL \quad = \quad \boxed{?} \; kL$$

dL와 =와 kL만
아래로 내리기

(라) (마) (바)

거기에 '기본 관계(10000dL=1kL)'의 '10000과 1'을 써.

$$89000dL \quad = \quad \boxed{?} \; kL$$

기본 관계

(사)
☐ dL $\quad = \quad$ (아) ☐ kL

'기본 관계'의 숫자(10000과 1)를 보자. '10000dL=1kL'니까 dL를 kL로 고치기 위해서는 10000으로 나누면 되겠지.

$$89000dL \quad = \quad \boxed{?} \; kL$$

$$10000dL \quad = \quad 1 \quad kL$$

(자)
☐ 으로 나누면 된다.

마찬가지로 89000을 10000으로 나누면 [?]에 들어가는 수(정답)를 알 수 있어.
(89000÷10000=) 8.9야. '89000dL=8.9kL'인 거지.(정답은 8.9야.)

ⓧ

[   ] 으로 나눈다.

ⓧ

89000dL = [   ] kL

10000dL = 1 kL

ⓧ

[   ] 으로 나눈다.   정답 ⓧ [   ]

이제 거의 도착했어.

122

4장 '부피'
총정리 테스트 ①

지금까지 배운 '부피의 단위'를 테스트할 거야. 124쪽의 □에 들어가는 수를 구해봐.
(1문제당 10점, 총 100점) (합격점 70점)　　　　　　　　　▶정답은 139쪽

 힌트

부피와 용적의 기본 관계

$$1cm^3$$ 　　　　　　　　　　　　　　$$1m^3$$

밀리리터　　　데시리터　　　리터　　　킬로리터
=1mL　　　1dL　　　1L　　　=1kL

　　　　　　100배　　　10배　　　1000배

 힌트 ②

소수점 이동하기

(곱셈)　　0.04 × 1000000 = 0.040000.
　　　　　　　　　0이 6개　　　소수점이 오른쪽으로 6자리 이동

　　　　　　　　　　　　　　　⇒　정답　40000

(나눗셈) 50 ÷ 1000 = 0.050.　⇒　정답　0.05
　　　　　　　0이 3개　소수점이 왼쪽으로 3자리 이동

(1)

$0.54L =$ [　　　　] dL

(2)

$37000mL =$ [　　　　] L

(3)

$60000cm^3 =$ [　　　　] m^3

(4)

$19cm^3 =$ [　　　　] mL

(5)

$70800dL =$ [　　　　] kL

(6)

$20.01dL =$ [　　　　] cm^3

(7)

$0.185kL =$ [　　　　] L

(8)

$0.0049L =$ [　　　　] cm^3

(9)

$10kL =$ [　　　　] mL

(10)

$54.3mL =$ [　　　　] dL

4 장 '부피'
총정리 테스트 ②

점수와 소요 시간			
1회차	점	분	초
2회차	점	분	초
3회차	점	분	초

지금까지 배운 모든 단위를 마지막으로 테스트할 거야. ☐에 들어가는 수를 구해봐.

(1문제당 10점, 총 100점) (합격점 70점)　　　　　　　　　▶ 정답은 139쪽

(1)

43kL = ☐ dL

(2)

661000cm³ = ☐ L

(3)

35.507L = ☐ mL

(4)

0.29cm³ = ☐ mL

(5)

11dL = ☐ L

(6)

2000000L = ☐ kL

(7)

56mL = ☐ kL

(8)

300kL = ☐ m³

(9)

0.0102dL = ☐ mL

(10)

0.7m³ = ☐ cm³

5 장

'모든 단위 계산'을 정복하자

 '단위 계산'
총정리 테스트 ①

지금까지 배운 모든 단위를 마지막으로 테스트할 거야. □에 들어가는 수를 구해봐.
(1문제당 10점, 총 100점) (합격점 80점)

▶정답은 139쪽

 힌트

소수점 이동하기

(곱셈) 0.04 × 1000000 = 0.040000.

0이 6개   소수점이 오른쪽으로 6자리 이동

⟹ 정답 **40000**

(나눗셈) 50 ÷ 1000 = 0.050. ⟹ 정답 **0.05**

0이 3개   소수점이 왼쪽으로 3자리 이동

(1)

$0.15cm =$ [ ] mm

(2)

$83.4L =$ [ ] mL

(3)

$60g =$ [ ] kg

(4)

$27000000cm^3 =$ [ ] m^3

(5)

$4\,ha =$ [ ] a

(6)

$0.109t =$ [ ] kg

(7)

$2.3kL =$ [ ] m^3

(8)

$5.68km^2 =$ [ ] m^2

(9)

$990m =$ [ ] km

(10)

$0.7dL =$ [ ] mL

'단위 계산'
총정리 테스트 ②

지금까지 배운 모든 단위를 테스트할 거야. 3단계법이 머리에 떠오른다면 바로 답을 써도 돼. 어려워 보이면 종이를 준비하여 3단계법을 직접 써서 풀어도 돼.

(1문제당 5점, 총 100점) (합격점 75점)   ▶정답은 139쪽

(1) $30kL =$ [   ] L   (2) $4600cm^2 =$ [   ] a

(3) $8000000g =$ [   ] t   (4) $500dL =$ [   ] cm^3

(5) $172.2km =$ [   ] m   (6) $60.48km^2 =$ [   ] ha

(7) $310mL =$ [   ] kL   (8) $2m =$ [   ] mm

(9) $0.9cm^2 =$ [   ] m^2 (10) $1000000cm^3 =$ [   ] L

(11) $4560ha =$ [   ] m^2 (12) $0.00505kg =$ [   ] mg

(13) $78km =$ [   ] cm   (14) $6300mL =$ [   ] L

(15) $94a =$ [   ] ha   (16) $0.002g =$ [   ] mg

(17) $0.000307m^3 =$ [   ] cm^3 (18) $584m^2 =$ [   ] a

(19) $60cm =$ [   ] m   (20) $810dL =$ [   ] L

'단위 계산'
총정리 테스트 ③

지금까지 배운 모든 단위를 테스트할 거야. 3단계법이 머리에 떠오른다면 바로 답을 써도 돼. 어려워 보이면 종이를 준비하여 3단계법을 직접 써서 풀어도 돼.

(1문제당 5점, 총 100점) (합격점 75점)　　　　　▶정답은 139쪽

(1) $700m^2 = $ ⬚ cm^2

(2) $51cm^3 = $ ⬚ mL

(3) 24mm = ⬚ cm

(4) 0.06t = ⬚ g

(5) $9.03km^2 = $ ⬚ a

(6) 40dL = ⬚ kL

(7) 810000mg = ⬚ kg

(8) 30L = ⬚ cm^3

(9) 625ha = ⬚ km^2

(10) 1100cm = ⬚ km

(11) $9500cm^3 = $ ⬚ dL

(12) 0.36a = ⬚ m^2

(13) 7004mg = ⬚ g

(14) 5500mL = ⬚ dL

(15) $8km^2 = $ ⬚ m^2

(16) 12100mm = ⬚ m

(17) 0.0003kL = ⬚ mL

(18) 78600kg = ⬚ t

(19) 5a = ⬚ cm^2

(20) 2700000L = ⬚ kL

정 답

10, 100, 1000을 곱했다가 나눴다가

Step 1 정수에 10을 곱해라

1 (문제는 12쪽)

❶ 50 ❷ 80 ❸ 10 ❹ 120 ❺ 190 ❻ 240 ❼ 360 ❽ 500 ❾ 950 ❿ 1840

⓫ 3110 ⓬ 7200 ⓭ 1000 ⓮ 6080 ⓯ 12670

⓰ 59040 ⓱ 30200 ⓲ 80060 ⓳ 92500 ⓴ 71000

Step2 정수에 10, 100, 1000, 10000을 곱해라 ①

1 (문제는 14쪽)

❶ 6700 ❷ 40350 ❸ 390000 ❹ 20010000 ❺ 65820

❻ 95500 ❼ 370000 ❽ 1000 ❾ 24600 ❿ 10000

⓫ 90000 ⓬ 403000 ⓭ 899100 ⓮ 1360 ⓯ 805000

⓰ 10000000 ⓱ 76000 ⓲ 70200 ⓳ 5400000 ⓴ 8000

Step4 정수에 10, 100, 1000, 10000을 곱해라 ②

1 (문제는 20쪽)

(1) ① 4 ② 7 ③ 0 ④ 0   정답 4700

(2) ⑤ 1 ⑥ 3 ⑦ 3 ⑧ 0   정답 1330

(3) ⑨ 9 ⑩ 6 ⑪ 0 ⑫ 0 ⑬ 0   정답 96000

(4) ⑭ 1 ⑮ 0 ⑯ 0 ⑰ 0 ⑱ 0 ⑲ 0   정답 100000

(5) ⑳ 4 ㉑ 0 ㉒ 5 ㉓ 5 ㉔ 0 ㉕ 0   정답 405500

(6) ㉖ 2 ㉗ 0 ㉘ 0 ㉙ 0 ㉚ 0   정답 20000

(7) ㉛ 7 ㉜ 1 ㉝ 0 ㉞ 0 ㉟ 0   정답 71000

(8) ㊱ 2 ㊲ 0 ㊳ 2 ㊴ 4 ㊵ 0   정답 20240

(9) ㊶ 8 ㊷ 0 ㊸ 0 ㊹ 0   정답 8000

(10) ㊺ 9 ㊻ 0   정답 90

2 (문제는 22쪽)

(1) 3080   (2) 16000   (3) 952300   (4) 4570000   (5) 80000

(6) 30010   (7) 5000   (8) 11000000   (9) 90200   (10) 60700000

Step 5 ✏️ **소수에 10, 100, 1000, 10000을 곱해라**

1 (문제는 27쪽)

(1) 59.8   (2) 700   (3) 33   (4) 94600   (5) 2510

(6) 60.05   (7) 3280   (8) 490   (9) 590020   (10) 1

Step 6 ✏️ **10, 100, 1000, 10000으로 나눠라**

1 (문제는 33쪽)

(1) 9.582   (2) 0.006   (3) 0.001   (4) 0.401   (5) 0.0039

(6) 750   (7) 0.9   (8) 0.00023   (9) 0.0034   (10) 6800

준비 운동의 총정리 테스트(문제는 34쪽)

(1) 95.1   (2) 60   (3) 0.02   (4) 80.03   (5) 700000

(6) 0.003   (7) 640500   (8) 0.66   (9) 185900   (10) 0.1055

1장 **'길이의 단위 계산'을 정복하자**

✏️ **m을 cm로, cm를 m로 고쳐라**

1 (문제는 41쪽)

㉮ m   ㉯ =   ㉰ cm   ㉱ 1   ㉲ 100   ㉳ 100   ㉴ 4000

2 (문제는 43쪽)

㉮cm ㉯= ㉰m ㉱100 ㉲1 ㉳100 ㉴0.9

3 (문제는 45쪽)

색을 칠한 부분이 정답입니다.

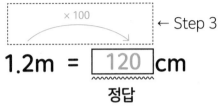

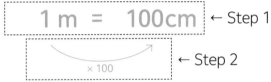

4 (문제는 46쪽)

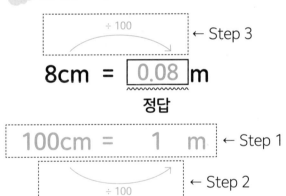

5 (문제는 47쪽)

(1)

$\times 100$ ← Step 3

2.01m = [201] cm
정답

1 m = 100 cm   ← Step1

$\times 100$ ← Step 2

(2)

$\times 100$

60m = [6000] cm
정답

1 m = 100 cm

$\times 100$

6 (문제는 48쪽)

(1)

$\div 100$ ← Step 3

83.3cm = [0.833] m
정답

100cm = 1 m   ← Step1

$\div 100$ ← Step 2

(2)

$\div 100$

77cm = [0.77] m
정답

100cm = 1 m

$\div 100$

7 (문제는 49쪽)

(1)

÷100

100.5cm = 1.005 m

100 cm = 1 m

÷100

(2)

×100

600m = 60000 cm

1 m = 100 cm

×100

(3)

÷100

99 cm = 0.99 m

100cm = 1 m

÷100

(4)

×100

0.8m = 80 cm

1 m = 100 cm

×100

(5)

×100

6.93m = 693 cm

1 m = 100 cm

×100

(6)

÷100

40 cm = 0.4 m

100cm = 1 m

÷100

(7)

÷100

20.11cm = 0.2011 m

100 cm = 1 m

÷100

(8)

×100

0.047m = 4.7 cm

1 m = 100 cm

×100

✏️ **여기까지 배운 cm와 m 테스트 10문제** (문제는 50쪽)

(1) 5100   (2) 0.82   (3) 20   (4) 80000   (5) 0.05
(6) 365   (7) 900.7   (8) 0.011   (9) 0.0047   (10) 20.25

✏️ '1m=☐mm'의 ☐에는 무엇이 들어갈까?

1 (문제는 55쪽)

㉮100   ㉯1000   ㉰10   ㉱1000   ㉲100   ㉳10
㉴100000   ㉵1000   ㉶100   ㉷1000000   ㉸1000   ㉹100   ㉺10

✏️ **m를 mm로, mm를 m로 고쳐라**

1 (문제는 60쪽)

㉠m ㉡= ㉢mm ㉣1 ㉤1000 ㉥1000 ㉦80000

2 (문제는 62쪽)

㉠mm ㉡= ㉢m ㉣1000 ㉤1 ㉥1000 ㉦0.2

3 (문제는 64쪽)

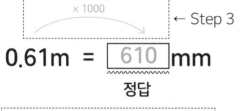

0.61m = [610] mm
정답

1 m = 1000 mm ← Step 1

← Step 2
× 1000

4 (문제는 65쪽)

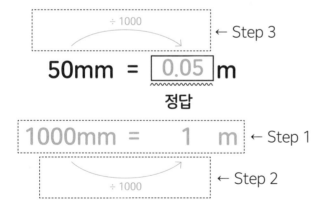

50mm = [0.05] m
정답

1000mm = 1 m ← Step 1

← Step 2
÷ 1000

 여기까지 배운 mm와 m 테스트 10문제 (문제는 66쪽)

(1) 11000   (2) 930   (3) 7   (4) 2410   (5) 0.69
(6) 0.08   (7) 3142   (8) 0.001   (9) 0.0488   (10) 500000

✏️ **km를 cm로, cm를 km로 고쳐라**

1 (문제는 72쪽)

㉮km ㉯ = ㉰cm ㉱ 1 ㉲100000 ㉳100000 ㉴820000

2 (문제는 74쪽)

㉮cm ㉯ = ㉰km ㉱100000 ㉲ 1 ㉳100000 ㉴0.0009

3 (문제는 76쪽)

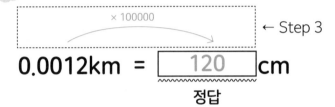

4 (문제는 77쪽)

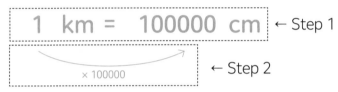

✏️ **여기까지 배운 cm와 km 테스트 10문제** (문제는 78쪽)

(1) 1000000 (2) 3500 (3) 0.74 (4) 0.00002 (5) 0.0198
(6) 1001 (7) 4.601 (8) 3200000 (9) 845 (10) 6

(1) 0.1   (2) 0.2   (3) 5000000   (4) 3.14   (5) 0.007
(6) 2080   (7) 39000   (8) 76.6   (9) 105.03   (10) 0.098

1 장 ✏️ '길이' 총정리 테스트 ② (문제는 81쪽)

(1) 190   (2) 0.27   (3) 6000   (4) 4100000   (5) 0.0003
(6) 800   (7) 50000   (8) 7.2   (9) 0.68   (10) 10100000

2 장   '무게 단위의 계산'을 정복하자

✏️ 단위 계산에 도전 [무게]

1   (문제는 92쪽)

㉮1000   ㉯1000   ㉰1000000   ㉱kg   ㉲ =   ㉳mg   ㉴1   ㉵1000000
㉶1000000   ㉷6000

2   (문제는 95쪽)

㉮1000   ㉯1000   ㉰1000000   ㉱g   ㉲ =   ㉳t   ㉴1000000   ㉵1
㉶1000000   ㉷0.0732

2 장 ✏️ '무게' 총정리 테스트 ① (문제는 98쪽)

(1) 0.1   (2) 2000   (3) 41000   (4) 9000   (5) 24.9
(6) 99000   (7) 0.00073   (8) 2.025   (9) 8000   (10) 0.001

2 장 ✏️ '무게' 총정리 테스트 ② (문제는 100쪽)

(1) 10.1   (2) 70   (3) 0.00003   (4) 43   (5) 6100
(6) 15000000   (7) 0.00002   (8) 10000000   (9) 0.0074   (10) 0.5

3 장 '넓이 단위의 계산'을 정복하자

✏️ 단위 계산에 도전 넓이

1 (문제는 105쪽)

㉮100 ㉯100 ㉰10000 ㉱ha ㉲= ㉳m² ㉴1 ㉵10000 ㉶10000 ㉷3000

2 (문제는 108쪽)

㉮100 ㉯100 ㉰10000 ㉱a ㉲= ㉳km² ㉴10000 ㉵1 ㉶10000 ㉷0.018

3 장 ✏️ '넓이' 총정리 테스트 ① (문제는 111쪽)

(1) 92100 (2) 3000 (3) 107 (4) 3 (5) 98
(6) 0.05 (7) 0.017 (8) 9000000 (9) 0.4 (10) 670

3 장 ✏️ '넓이' 총정리 테스트 ② (문제는 113쪽)

(1) 200000 (2) 0.0001 (3) 7 (4) 5805 (5) 6600
(6) 10 (7) 4008 (8) 1.2 (9) 3.9 (10) 0.56

4 장 '부피 단위의 계산'을 정복하자

Step 4 ✏️ 단위 계산에 도전 부피

1 (문제는 118쪽)

㉮dL ㉯= ㉰cm³ ㉱1 ㉲100 ㉳100 ㉴1

2 (문제는 120쪽)

㉮10 ㉯1000 ㉰10000 ㉱dL ㉲= ㉳kL ㉴10000 ㉵1 ㉶10000 ㉷8.9

4 장 ✏ '부피' 총정리 테스트 ① (문제는 123쪽)

(1) 5.4　(2) 37　(3) 0.06　(4) 19　(5) 7.08
(6) 2001　(7) 185　(8) 4.9　(9) 10000000　(10) 0.543

4 장 ✏ '부피' 총정리 테스트 ② (문제는 125쪽)

(1) 430000　(2) 661　(3) 35507　(4) 0.29　(5) 1.1
(6) 2000　(7) 0.000056　(8) 300　(9) 1.02　(10) 700000

5 장 '모든 단위' 총정리 테스트

✏ '단위 계산' 총정리 테스트 ① (문제는 126쪽)

(1) 1.5　(2) 83400　(3) 0.06　(4) 27　(5) 400
(6) 109　(7) 2.3　(8) 5680000　(9) 0.99　(10) 70

✏ '단위 계산' 총정리 테스트 ② (문제는 128쪽)

(1) 30000　(2) 0.0046　(3) 8　(4) 50000　(5) 172200
(6) 6048　(7) 0.00031　(8) 2000　(9) 0.00009　(10) 1000
(11) 45600000　(12) 5050　(13) 7800000　(14) 6.3　(15) 0.94
(16) 2　(17) 307　(18) 5.84　(19) 0.6　(20) 81

✏ '단위 계산' 총정리 테스트 ③ (문제는 129쪽)

(1) 7000000　(2) 51　(3) 2.4　(4) 60000　(5) 90300
(6) 0.004　(7) 0.81　(8) 30000　(9) 6.25　(10) 0.011
(11) 95　(12) 36　(13) 7.004　(14) 55　(15) 8000000
(16) 12.1　(17) 300　(18) 78.6　(19) 5000000　(20) 2700

축하합니다!

<단위 계산 마스터 인증서> 인증서

마지막까지 해냈군요!

이 책을 끝까지 해낸 당신은 단위 계산을 마스터해서 자신감이 붙었을 거예요.

단위 계산은 초등학교뿐만 아니라 중학교 이후에도 자주 나옵니다.

이 책에서 배운 내용은 어른이 된 후에도 당병 당신에게 도움이 될 거예요.

단위 계산을 수학의 기본입니다.

이 책을 계기로 수학이 더 좋아지면 좋겠네요.

도교대 졸업 친구 수학 강사 고스기 타쿠야

단위의 기본 관계 한눈에 시트

길이 단위

밀리미터	센티미터	미터	킬로미터
1mm	1cm	1m	1km

1mm →(10배)→ 1cm →(100배)→ 1m →(1000배)→ 1km

무게 단위

밀리그램	그램	킬로그램	톤
1mg	1g	1kg	1t

1mg →(1000배)→ 1g →(1000배)→ 1kg →(1000배)→ 1t

넓이 단위

제곱센티미터	제곱미터	아르	헥타르	제곱킬로미터
1cm²	1m²	1a	1ha	1km²

1cm² →(10000배)→ 1m² →(100배)→ 1a →(100배)→ 1ha →(100배)→ 1km²

부피 단위

입방센티미터	데시리터	리터	킬로리터
1cm³ =1mL	1dL	1L	1m³ =1kL

1cm³=1mL →(100배)→ 1dL →(10배)→ 1L →(1000배)→ 1m³=1kL

암산천재 응용법
기적의 단위 계산

초판 1쇄   발행일   2025년   1월   24일
초판 2쇄   발행일   2025년   2월   3일

지은이   고스기 타쿠야
옮긴이   김소영
펴낸이   유성권

편집장   윤경선
편집   김효선 조아윤   홍보   윤소담 박채원   디자인 박정실
마케팅   김선우 강성 최성환 박혜민 김현지
제작   장재균   물류   김성훈 강동훈

펴낸곳   ㈜이퍼블릭
출판등록   1970년 7월 28일, 제1-170호
주소   서울시 양천구 목동서로 211 범문빌딩 (07995)
대표전화   02-2653-5131 | 팩스 02-2653-2455
메일   loginbook@epublic.co.kr
포스트   post.naver.com/epubliclogin
홈페이지   www.loginbook.com

로그인 은 ㈜이퍼블릭의 어학 · 자녀교육 · 실용 브랜드입니다.